网络编码丛书

网络编码理论

[加] 杨伟豪 [加] 李硕彦 蔡宁 张震 著
冯贵年 叶建设 崔健雄 常亮 译

清華大學出版社
北京

内 容 简 介

网络编码已成为网络信息论的重要分支，是当前研究的重点和热点。本书介绍了网络编码的基本理论，包括线性网络编码、卷积网络编码和多信源网络编码等理论，便于读者了解和熟悉网络编码的基本原理，并为进一步学习网络信息论等专业知识奠定基础。

本书分为两个部分，第一部分主要利用代数学的方法，研究了单一信源节点的网络。第二部分利用概率学的方法，研究了更加一般的情况，即网络中有多个不同的信源节点、信宿节点集合。本书可作为通信、信息、计算机、电子等相关专业的本科高年级和研究生教材，也可作为通信工程专业的参考书。

北京市版权局著作权合同登记号　图字：01-2014-4640

Translation from the english language edition：
Network Coding Theory, 1st edition by Raymond W. Yeung, Shuo-Yen Robert Li, Ning Cai and Zhen Zhang
ISBN 1-933019-24-7

图书在版编目(CIP)数据

网络编码理论/(加)杨伟豪等著；冯贵年等译. —北京：清华大学出版社，2021.9(2022.12 重印)
(网络编码丛书)
书名原文：Network coding theory
ISBN 978-7-302-56945-9

Ⅰ. ①网…　Ⅱ. ①杨… ②冯…　Ⅲ. ①计算机网络－编码程序－程序设计　Ⅳ. ①TP393

中国版本图书馆 CIP 数据核字(2020)第 228516 号

责任编辑：王　倩
封面设计：傅瑞学
责任校对：赵丽敏
责任印制：丛怀宇

出版发行：清华大学出版社
网　　址：http://www.tup.com.cn，http://www.wqbook.com
地　　址：北京清华大学学研大厦 A 座　　**邮　　编**：100084
社 总 机：010-83470000　　**邮　　购**：010-62786544
投稿与读者服务：010-62776969，c-service@tup.tsinghua.edu.cn
质量反馈：010-62772015，zhiliang@tup.tsinghua.edu.cn
印 装 者：三河市君旺印务有限公司
经　　销：全国新华书店
开　　本：185mm×230mm　　**印　　张**：7.25　　**字　　数**：146 千字
版　　次：2021 年 11 月第 1 版　　**印　　次**：2022 年 12 月第 2 次印刷
定　　价：49.00 元

产品编号：061062-01

CONTENTS

目录

第二部分 多 源

第1章 绪论

1.1 历史回顾

在点对点通信网络中，信道无差错传播信息的能力取决于信道容量。数据将从信源节点传输到指定的信宿节点集合。基于传输要求，自然会考虑网络能否满足这些需求，以及如何有效地满足这些需求。

在现有的计算机网络中，信息通过一种存储-转发的方式从信源节点经由中间节点传输到每个目标节点。在此方法中，从中间节点的输入信道接收的数据包将被存储，并通过输出信道将副本转发到下一个节点。当中间节点指向多个目标节点时，它会将数据包的副本发送到每一条指向任何目标节点的信道。在数据分发网络中，通常认为除了数据复制外，不需要在中间节点对数据做其他处理。

近年来，科研人员在卫星通信网络[211]中首次提出了网络编码的基本概念，随后网络编码在文献[158]中得到充分的阐释。文献[158] 首次提出了“网络编码”的术语，并证明了其相对传统存储-转发的优势，从而修正了人们对其的一般认识。由于网络编码具有普遍性并存在巨大的应用潜力,使它在信息与编码理论、网络转换、无线通信、复杂度理论、密码学、运筹学和矩阵理论等领域都受到了极大关注。

在文献[211]和文献[158]之前,特殊网络的编码问题已经在分布式信源编码研究中有了进展[177,200,207,211,212]。文献[158]和文献[211]中的工作也分别激发了后续对单一信源和多信源网络编码的研究。网络编码理论在多个领域都得到了发展,网络编码新的应用也不断涌现。比如,在文献[176]中将网络编码技术应用于一个文件共享应用原型①。对于网络编码主题的简短介绍,推荐读者参考文献[173]。关于网络编码最新的文献,推荐读者浏览网站"网络编码"首页[157]。

这本书旨在成为基本网络编码理论的教程,目的是清晰地阐述网络编码理论而不是展示所有的结果。本书第一部分主要介绍单一信源节点的网络,2.1节从解释网络编码实例开始。第二部分主要处理更加一般的情况,即网络中有多个不同的信源节点、信宿节点集合。

相较于多信源问题,单一信源网络编码问题更好理解。文献[188]指出,当该编码方案被限制为线性变换时,网络编码的优势最有可能实现。因此,第一部分主要运用代数学的方法,而第二部分主要运用概率学的方法。

虽然本书并非是关于这个问题的调查研究,但在相关网站②上的一个表格中,根据主题的以下分类,本书提供了相应的参考文献摘要(见文后参考文献)。

(1) 线性编码

(2) 非线性编码

(3) 随机编码

(4) 静态码

(5) 卷积码

(6) 分组码

(7) 字母表大小

(8) 代码结构

(9) 算法/协议

(10) 循环网络

(11) 无向网络

(12) 链路故障/网络管理

① 见文献[206]对此应用的分析。

② http://dx.doi.org/10.1561/0100000007。

(13) 分离定理

(14) 纠错/检测

(15) 密码学

(16) 多源

(17) 多播

(18) 成本标准

(19) 非均匀需求

(20) 相关信源

(21) 最大流最小割界

(22) 重叠编码

(23) 网络

(24) 路径

(25) 无线/卫星网络

(26) 自组织/传感器网络

(27) 数据存储/转发

(28) 实施问题

(29) 矩阵理论

(30) 复杂度分析

(31) 图论

(32) 随机图

(33) 填充树

(34) 多商品流

(35) 博弈论

(36) 拟阵理论

(37) 信息不平等

(38) 噪声信道

(39) 排队分析

(40) 速率失真

(41) 多描述符

(42) 拉丁方格

(43) 可逆网络

(44) 多用户信道

(45) 联合网络的信道编码

1.2 示例

术语。本书用有限有向图来表示一个通信网络,网络中点与点之间允许存在多条链路。没有输入链路的节点称为信源节点,其他节点称为非信源节点。在有限有向图中,源节点用方块表示,其他节点都用圆圈表示。图中的边也称为信道,表示每单位时间传输一个数据单元的无噪声通信链路。从一个节点到一个邻居节点的直接传输信息的容量由节点之间的信道个数决定。举例来说,如在图 1.1(a)中,节点 W 到节点 X 的信道容量为 2。如果一条信道从节点 X 到节点 Y,则表示为 XY。

如果一个通信网络中没有有向环路,则此网络称为无环网络。在图 1.1(a)和图 1.1(b)中的网络都是无环网络。

源节点产生消息,并通过多跳的方式在网络中传播。本书感兴趣的是目的节点能够获得的信息量以及获取信息的速度。然而,这取决于传输信息的中间节点处理数据的性质。

假设在图 1.1(a)所示的无环网络中,将 2bit 信息 b_1 和 b_2 从源节点多播至节点 Y 和 Z。每条信道按照设定只能传输 b_1 和 b_2 中的一个。通过这种方式,每个中间节点简单地复制和转发从上游接收到的比特信息。

图 1.1(b)和图 1.1(c)与图 1.1(a)相比具有相同的网络,但减少了一条信道,展示了在两个单位时间内,将 3bit 的信息 b_1、b_2 和 b_3 从源点 S 多播至节点 Y 和 Z 的一种方法。这种方法实现了每单位时间内可以多播 1.5bit 信息。当中间节点仅仅只能复制信息时,这是可能实现的最大速率(详见文献[209]中第 11 章的问题 3)。本书讨论的这种网络即为著名的蝶形网络(butterfly network)。

例 1.1(蝶形网络上的网络编码)

图 1.1(d)展示了在与图 1.1(b)和图 1.1(c)相同的网络中,从源点 S 多播 2bit 信息到节点 Y、Z 的不同方式。在图 1.1(d)中,节点 W 将接收到的比特信息 b_1 和 b_2 进行异或 $b_1 \oplus b_2$。从 W 到 X 的信道上传输的比特为 $b_1 \oplus b_2$,接着在节点 X 处复制比特 $b_1 \oplus b_2$ 分发给节点 Y 和 Z。因此,节点 Y 收到了 b_1 和 $b_1 \oplus b_2$,通过它们可以解码得到 b_2。类似地,节点 Z 也可以通过接收到的比特 b_2 和 $b_1 \oplus b_2$ 解码得到 b_1。通过这种方式,网络中

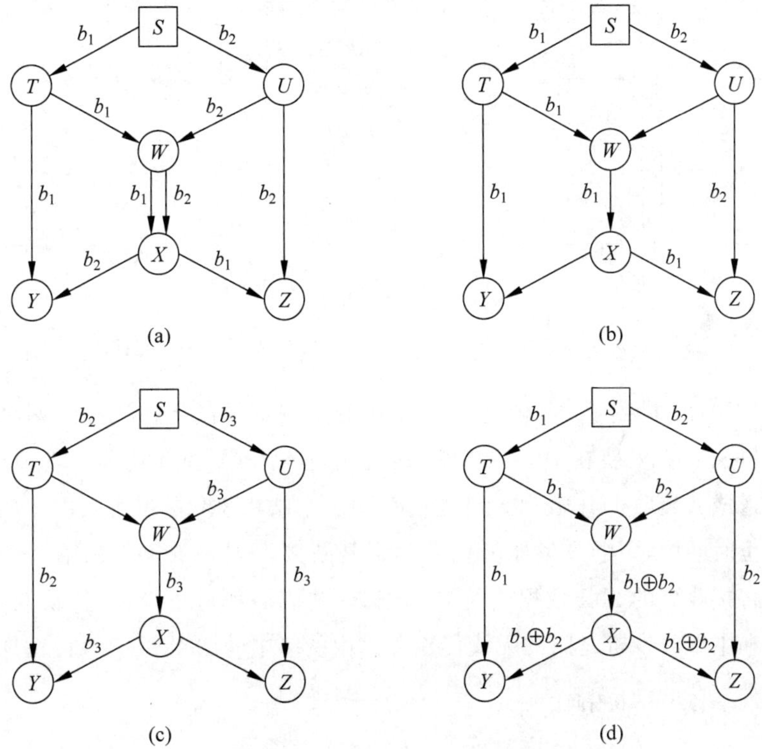

图 1.1 通信网络中的多播

的 9 条信道都只使用了一次。

异或是一种简单的编码形式。如果仅在中间节点进行比特复制而不进行编码，则要想达到相同的通信目的，至少有一条信道需要使用两次。所以信道使用情况的总数将是至少 10 个。因此，编码具有最大限度地减少延迟和能量消耗的潜在优势，与此同时，也可以最大化比特率。

例 1.2 图 1.2(a)描述了双方之间的信息交换过程，一方表示节点 S 和 T 的组合节点，另一方表示 S'和 T'的组合节点。双方之间直接通过网络互相发送 1bit 数据信息。

例 1.3 图 1.2(b)中描述的网络与图 1.2(a)相比减少了一条信道，其他均相同。如果只是通过直接数据路由，例 1.2 中的目标不能达到。但如果节点 U 运用接收到的比特 b_1 和 b_2 编码产生新的比特 $b_1 \oplus b_2$，并在信道 UV 上传输，则例 1.2 的目标仍然可以达到。和例 1.1 一样，利用这样的编码机制能够再次提高比特率。这个在中间节点编码的例子揭示了信息论的一个基本事实，其首先在文献[207]中被提出：当有多个信源在通信网络中传输信息时，信息的联合编码相比单独传输可能会取得更高的比特率。

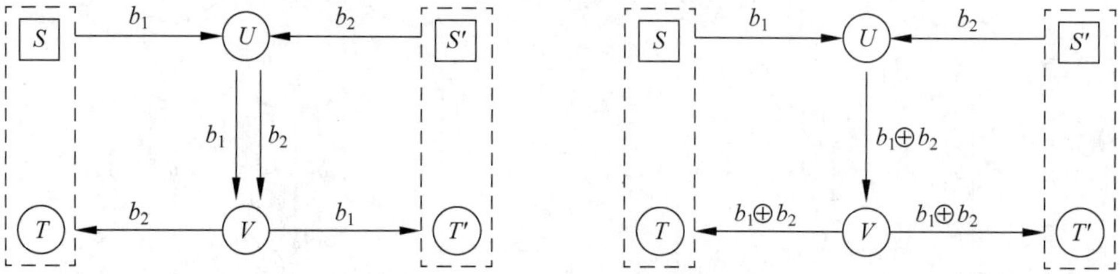

图 1.2 双方之间的会话

一方由 S 和 T 的节点组合表示，另一方由 S' 和 T' 节点组合表示

例 1.4 图 1.3 描述了一个在通信网络中相距两倍无线传输范围的两个相邻基站，标注为 ST 和 $S'T'$。安装在中间的装置是一个中继收发器，标记为 UV，它在 1 个单位时间内可以发送或者接收 1bit 数据。通过 UV，两个基站在 3 个单位时间内交换 1bit 数据。在前两个单位时间内，中继收发器分别从两个基站接收 1bit 数据。在第 3 个单位时间，中继收发器将接收到的 2bit 数据进行异或编码，并广播到基站，然后基站就可以进行解码。在基站和中继收发机之间的无线传输可以由网络中的图 1.2(b)象征性地表示。

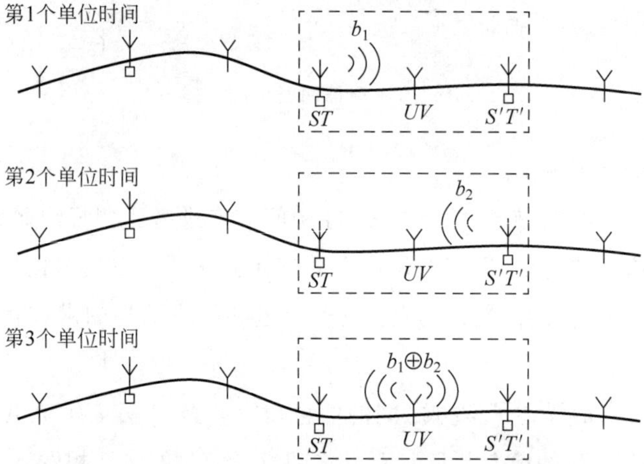

图 1.3 中继收发器的两个无线基站之间的交互

本例的原理可以很容易地推广到两个相邻基站之间的 $N-1$ 个中继收发器在距离的 N 倍无线传输范围内传输的情况。

例 1.4 也可以运用到卫星通信中，节点 ST 和 $S'T'$ 代表两个地面站，它们通过卫星 UV 相互通信。通过在卫星上运用如前所描述的简单编码，就可以节省 50% 的下行带宽。

第一部分

单　源

第 2 章

无环网络

在存在一定共性的基础上，网络编码能以不同的方式实现。在通常的设定中，源节点产生的消息通过类似在管道中传输的方式多播到特定的目的节点。当网络无环时，网络中的各种操作可以做到同步，每个消息被单独编码并从上游节点传播到下游节点，使得每个消息的处理都与消息序列中的顺序无关。在这种情况下，网络编码问题可以独立于传播延迟进行考虑，包括信道中的传输延迟和节点上的处理延迟。

另一方面，当网络中包含有向环时，消息序列中的消息处理和传输会交织在一起。这时网络中的时延就成为网络编码中需要考虑的一部分。

本章主要基于文献[187]，研究在一个无环网络中处理单个消息的网络编码。包含有向环的网络编码将在第 3 章中讨论。

2.1 网络编码和线性网络编码

通信网络可以看作一个允许节点之间存在多条边的有向图。图中的每条边代表一条具有单位容量的传输信道。网络中没有输入信道的节点为信源节点。在每个无环网络中至少存在一个信源节点。本书的第一部分将无环网络中所有的信源节点合并成一个信源节点，使得在每个无环网络中都有唯一的信源节点 S。

对于节点 T，记 $\mathrm{In}(T)$为节点 T 的输入信道集合，$\mathrm{Out}(T)$为节点 T 的输出信道集合。为了方便讨论，假设 $\mathrm{In}(S)$是终点为信源节点 S 的虚拟信道集合，并且这些信道没有起点。虚拟信道的数量通常用 ω 表示。图 2.1 给出了在信源节点 S 处接入两($\omega=2$)条虚拟信道的例子。

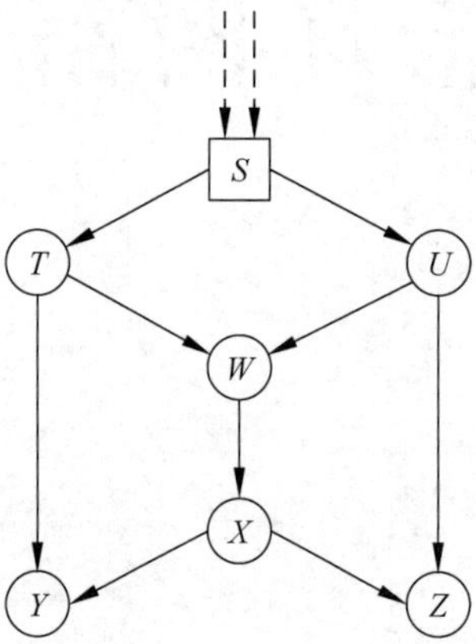

图 2.1 蝶形网络的信源节点处有两条输入的虚拟信道

一个数据单元可以由基域 F 中的一个元素表示。例如，当信息单位是比特时，此时 F 为二元域 $F=GF(2)$。信源节点 S 产生的消息由基域 F 中的 ω 个符号构成，可以将其表示为 ω 维行向量 $\boldsymbol{x}\in F^{\omega}$。信源节点生成消息 $\boldsymbol{x}$ 并通过每条输出信道发送出去。信息在网络中的传播通过符号 $\tilde{f}_e(\boldsymbol{x})\in F$ 在网络中的每条信道 e 上传输来实现。

非信源节点不需要获得足够的信息来确定整个消息 $\boldsymbol{x}$ 的值。其仅需要通过编码函数将接收到的所有符号进行运算，映射到每条对应的输出信道上。这种对每条信道进行编码的机制即为一种网络编码。

定义 2.1 (无环网络中网络编码的局部描述)F 为有限域，ω 为正整数。对于无环网络，基域 F 上的 ω 维网络编码由每条信道 e 的局部编码映射组成，其定义为

$$\tilde{k}_e: F^{|\mathrm{In}(T)|}\rightarrow F$$

其中，T 为任意节点，$e\in \mathrm{Out}(t)$ 。

网络的无环拓扑使得在所有信道 e 上传输的符号都可以通过递归地作用于局部编码映射得到，记为 $\tilde{f}_e(\boldsymbol{x})$。定义 2.1 中的网络编码并没有显式给出 $\tilde{f}_e(\boldsymbol{x})$的值，其数学

性质是当前研究的重点。为此，本书给出了如下等价定义 2.2，不但可以描述局部编码机制，也能够通过递归生成的值 $\tilde{f}_e(\boldsymbol{x})$ 来描述网络编码。

定义 2.2 （无环网络中网络编码的全局描述）F 为有限域，ω 为正整数。对于无环网络，基域 F 上的 ω 维网络编码由每条信道 e 的局部编码映射 $\tilde{k}_e:[0,1]\to F$ 和全局编码映射 $\tilde{f}_e:F^\omega\to F$ 组成，满足下列条件。

对于每个节点 T 和每条信道 $e\in\mathrm{Out}(t)$，$\tilde{f}_e(\boldsymbol{x})$ 由 $(\tilde{f}_d(\boldsymbol{x}):d\in\mathrm{In}(t))$ 唯一确定，$\tilde{k}_e$ 为 $(\tilde{f}_d(\boldsymbol{x}),d\in\mathrm{In}(t))\mapsto\tilde{f}_e(\boldsymbol{x})$ 的映射。 (2.1)

对于 ω 条虚拟信道 e 对应的映射 $\tilde{f}_e(\boldsymbol{x})$，其为从空间 F^ω 到 ω 个不同的维度上的向量投影。 (2.2)

例 2.1 令 $\boldsymbol{x}=(b_1,b_2)$ 为 $[GF(2)^2]$ 中的一般行向量，图 1.1(d)给出了二元域上的二维网络编码，其中全局编码映射如下所示：

$$\tilde{f}_e(\boldsymbol{x})=b_1 \quad 当\ e=OS,ST,TW,TY$$

$$\tilde{f}_e(\boldsymbol{x})=b_2 \quad 当\ e=OS',SU,UW,UZ$$

$$\tilde{f}_e(\boldsymbol{x})=b_1\oplus b_2 \quad 当\ e=WX,XY,XZ$$

其中，OS 和 OS' 表示图 2.1 中的两条虚拟信道。对应的局部编码映射为

$$\tilde{k}_{ST}(b_1,b_2)=b_1$$

$$\tilde{k}_{SU}(b_1,b_2)=b_2$$

$$\tilde{k}_{TW}(b_1)=\tilde{k}_{TY}(b_1)=b_1$$

$$\tilde{k}_{UW}(b_2)=\tilde{k}_{UZ}(b_2)=b_2$$

$$\tilde{k}_{WX}(b_1,b_2)=b_1\oplus b_2$$

等。

若在消息的传播过程中进行网络编码，会在信道上引入传输延迟以及节点的处理延迟。其中，节点的处理延迟是消息在网络上传播延迟的主要因素。因此，希望网络编码内部的编码机制能通过简单而快速的电路来实现。鉴于这个原因，仅涉及线性映射的网络编码是最吸引人的。

当全局编码映射 $\tilde{f}_e$ 是线性的时，它对应一个 ω 维列向量 $\boldsymbol{f}_e$，使得 $\tilde{f}_e(\boldsymbol{x})$ 等于乘积 $\boldsymbol{x}\cdot\boldsymbol{f}_e$，其中 ω 维行向量 $\boldsymbol{x}$ 为节点 S 产生的消息。类似地，对于 $e\in\mathrm{Out}(t)$，如果局部编码映射 $\tilde{k}_e$ 是线性的，则它对应一个 $|\mathrm{In}(T)|$ 维列向量 $\boldsymbol{k}_e$，使得 $\tilde{k}_e(\boldsymbol{y})=\boldsymbol{y}\cdot\boldsymbol{k}_e$，其中 $\boldsymbol{y}\in$

$F^{|\mathrm{In}(T)|}$表示节点 T 接收的所有符号组成的行向量。对于无环网络,基域 F 上的 ω 维网络编码,如果所有的局部编码映射都是线性的,则全局编码映射也是线性的,因为全局编码映射是局部编码映射的函数组合。逆命题同样成立:如果全局编码映射是线性的,则所有局部编码映射也是线性的,证明见附录 A。

如果存在节点 T,使得 $d\in \mathrm{In}(T)$和 $e\in \mathrm{Out}(T)$,则称边对(d,e)为邻接对。下面将阐述线性网络编码,其所有局部编码映射和全局编码映射都是线性的。同样地,将同时给出线性网络编码的局部描述和全局描述(尽管二者等价)。线性网络编码最初在文献[188]中被称为线性编码组播(linear-code multicost,LCM)。

定义 2.3 (无环网络中线性编码的局部描述)F 为有限域,ω 为正整数。对于无环网络,基域 F 上的 ω 维网络编码由对网络中每个邻接对(d,e)定义的标量 $k_{d,e}$ 组成,称之为局部编码核。同时有$|\mathrm{In}(T)|\times|\mathrm{Out}(T)|$阶矩阵

$$\boldsymbol{K}_T=[k_{d,e}],\quad d\in \mathrm{In}(T),\quad e\in \mathrm{Out}(T)$$

值得注意的是,$\boldsymbol{K}_T$ 的矩阵结构隐含地假设了这些信道间的某种顺序。

定义 2.4 (无环网络上线性编码的全局描述)F 为有限域,ω 为正整数。对于无环网络,基域 F 上的 ω 维网络编码由网络中每个邻接对(d,e)定义的标量 $k_{d,e}$ 和定义在每条信道 e 上的 ω 维列向量 $\boldsymbol{f}_e$ 组成,其关系满足下列条件:

$$\boldsymbol{f}_e=\sum_{d\in \mathrm{In}(T)} k_{d,e}\boldsymbol{f}_d,\quad e\in \mathrm{Out}(T) \tag{2.3}$$

ω 条虚拟信道 $e\in \mathrm{In}(S)$对应的向量 $\boldsymbol{f}_e$ 构成向量空间 F^w 的标准基。 (2.4)

其中,向量 $\boldsymbol{f}_e$ 称为信道 e 的全局编码核。

首先,信源节点产生 ω 维行向量 $\boldsymbol{x}$ 作为消息。节点 T 收到的符号为 $\boldsymbol{x}\cdot\boldsymbol{f}_d$,$d\in \mathrm{In}(T)$,并且对每条信道 $e\in \mathrm{Out}(T)$,发送的符号 $\boldsymbol{x}\cdot\boldsymbol{f}_e$ 都可以通过如下线性计算得到:

$$\boldsymbol{x}\cdot\boldsymbol{f}_e=\boldsymbol{x}\cdot\sum_{d\in \mathrm{In}(T)} k_{d,e}\boldsymbol{f}_d=\sum_{d\in \mathrm{In}(T)} k_{d,e}(\boldsymbol{x}\cdot\boldsymbol{f}_d)$$

其中,第一个等式根据条件(2.3)得到。

给定无环网络中所有信道上的局部编码核,根据条件(2.3),全局编码核可按降序的顺序递归地计算得到,并且边界条件由条件(2.4)给出。

注释 2.1 可以将线性网络编码中每条信道上的全局编码核与线性纠错码的生成矩阵的列作类比[161,162,190,205]。前者以网络中的信道为指标,后者以时刻为指标。但根据条件(2.3)可知,线性网络编码中的全局编码核 $\boldsymbol{f}_e$ 受到网络拓扑的约束,而在通常情况

下，线性纠错码的生成矩阵的列不受任何此类约束。

例 2.2　例 2.1 通过图 2.1 将例 1.1 的方案转换为网络编码。图 2.1 中的网络编码实际上是线性的。设信道依字母顺序排列为 $OS, OS', ST, \cdots, XZ$，则局部编码核分别为

$$\boldsymbol{K}_S = \begin{bmatrix} 1 & 0 \\ 0 & 1 \end{bmatrix}, \quad \boldsymbol{K}_T = \boldsymbol{K}_U = \boldsymbol{K}_X = [1 \quad 1], \quad \boldsymbol{K}_W = \begin{bmatrix} 1 \\ 1 \end{bmatrix}$$

对应的全局编码核为

$$\boldsymbol{f}_e = \begin{cases} \begin{bmatrix} 1 \\ 0 \end{bmatrix}, & e = OS, ST, TW, TY \\ \begin{bmatrix} 0 \\ 1 \end{bmatrix}, & e = OS', SU, UW, UZ \\ \begin{bmatrix} 1 \\ 1 \end{bmatrix}, & e = WX, XY, XZ \end{cases}$$

其中，局部和全局编码核都已经在图 2.2 中标出。事实上它们描述了一个二维线性网络编码，并且该码和基域的选取无关。

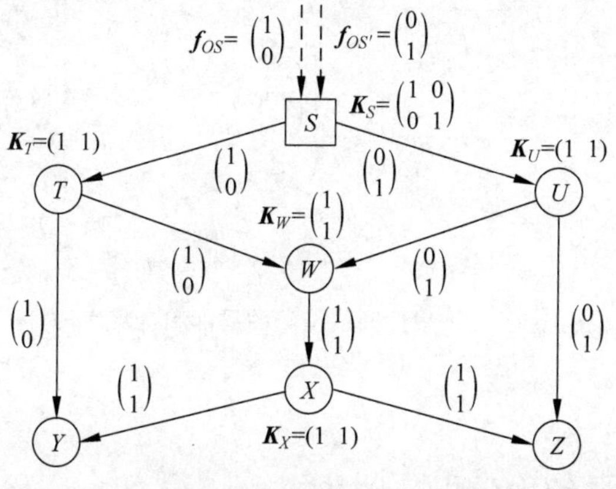

图 2.2　例 2.2 中二维线性网络编码的全局编码核和局部编码核

例 2.3　对于图 2.2 中的二维线性网络编码，节点的局部编码核可分别表示为

$$\boldsymbol{K}_S = \begin{bmatrix} n & q \\ p & r \end{bmatrix}, \quad \boldsymbol{K}_T = [s \quad t], \quad \boldsymbol{K}_U = [u \quad v]$$

$$\boldsymbol{K}_W = \begin{bmatrix} w \\ x \end{bmatrix}, \quad \boldsymbol{K}_X = [y \quad z]$$

其中，矩阵的各元素 $n, p, q, \cdots, z$ 是基域 F 中不确定的量。从

$$f_{OS}=\begin{bmatrix}1\\0\end{bmatrix},\quad f_{OS'}=\begin{bmatrix}0\\1\end{bmatrix}$$

开始,可以递归计算所有的全局编码核如下:

$$f_{ST}=\begin{bmatrix}n\\p\end{bmatrix},\quad f_{SU}=\begin{bmatrix}q\\r\end{bmatrix},\quad f_{TW}=\begin{bmatrix}ns\\ps\end{bmatrix},\quad f_{TY}=\begin{bmatrix}nt\\pt\end{bmatrix}$$

$$f_{UW}=\begin{bmatrix}qu\\ru\end{bmatrix},\quad f_{UZ}=\begin{bmatrix}qv\\rv\end{bmatrix},\quad f_{WX}=\begin{bmatrix}nsw+qux\\psw+rux\end{bmatrix}$$

$$f_{XY}=\begin{bmatrix}nswy+quxy\\pswy+ruxy\end{bmatrix},\quad f_{XZ}=\begin{bmatrix}nswz+quxz\\pswz+ruxz\end{bmatrix}$$

以上局部和全局编码核如图 2.3 所示。

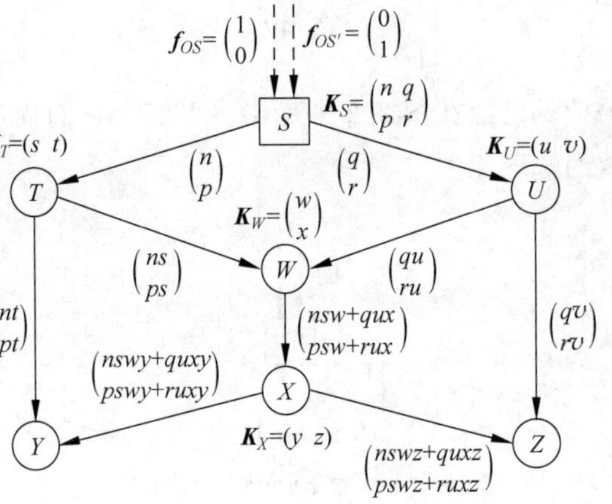

图 2.3 二维线性网络编码的局部和全局编码核

2.2 线性网络编码的性质

在中间节点处,不管采用哪种编码方案,数据流都必须遵守信息守恒定律:从任何一组非源节点发送的信息必须由该组节点从外部接收到的累积信息来得到。即非源节点发出的任何信息内容,都必须由该节点所接收的累计信息得到。记 maxflow(T)为从节点S 到 T 的最大流。根据最大流最小割理论,节点 T 接收的信息速率不能超过 maxflow(T)(见文献[195]最大流最小割理论的定义)。同样地,定义从源节点 S 到非源节点集合$\wp$的最大流为 maxflow($\wp$)。从源节点到非源节点集合$\wp$的信息速率不能超过 maxflow($\wp$)。

能否达到最大流界取决于网络拓扑、维数 ω 及编码方案。下面定义的三类线性网络从三种不同程度达到了最大流界，记符号$\langle \cdot \rangle$为一组向量生成的线性空间。

定义 2.5　对于无环网络，令 f_e 为基域 F 上的 ω 维线性网络编码的全局编码核。记 $V_T = \langle \{f_e : e \in \mathrm{In}(T)\} \rangle$。则线性网络编码分别是线性多播、线性广播和线性扩散，如果与其分别对应的条件成立：

$$\text{对每个满足 maxflow}(T) \geqslant \omega \text{ 的非源节点 } T, \dim(V_T) = \omega。 \tag{2.5}$$

$$\text{对每个非源节点 } T, \dim(V_T) = \min\{\omega, \text{maxflow}(T)\}。 \tag{2.6}$$

$$\text{对于每个非源节点集合}\wp, \dim(\langle \cup_{T \in \wp} V_T \rangle) = \min\{\omega, \text{maxflow}(\wp)\}。 \tag{2.7}$$

当前，“线性网络编码”经常和给定信宿节点集合联系在一起，其中对于每个节点 T 有 maxflow(T) $\geqslant \omega$ 且 $\dim(V_T) = \omega$。这与上述定义中的线性网络多播非常符合。

很显然，由条件(2.7)可推导出条件(2.6)，接着又可推导出条件(2.5)。因此，线性扩散一定是线性广播，并且线性广播一定是线性多播。下面给出线性广播不一定是线性扩散、线性多播不一定是线性广播和线性网络编码不一定是线性多播的例子。

例 2.4　图 2.4(a)给出了一个无环网络中二维线性扩散的例子，其中在信道上标记的是全局编码核。图 2.4(b)给出了相同的网络中一个二维线性广播但不是线性扩散的例子，因为 maxflow($\{T, U\}$) $= 2 = \omega$。而 $\mathrm{In}(T) \cup \mathrm{In}(U)$ 中信道的全局编码核只能生成一维子空间。图 2.4(c)给出了一个二维线性多播但不是线性广播的例子，因为节点 U 不能收到任何信息。最后，图 2.4(d)给出了一个二维线性网络编码但不是线性多播的例子。

当源节点以速率 ω 产生信源消息时，接收节点 T 可以译出消息当且仅当 $\dim(V_T) = \omega$ 时，并且一个必要的先决条件是 maxflow(T)$\geqslant \omega$。因此，ω 维线性多播对于以速率 ω 向所有最大流至少为 ω 的非源节点多播消息很有帮助。

线性广播和线性扩散对于更加复杂的网络十分有用。当消息通过线性广播传输时，对于每个 maxflow(U)$< \omega$ 的非源节点 U 仅能接收信源节点发出的部分信息。在一个较低的分辨率和小的容错率且低安全性的情况下，这可以用来更好地压缩编码信息的轮廓。一个应用例子是，将局部信息减少大量的像素来适配移动手持机的大小，或将彩色图像以黑色和白色显示。另一个例子是局部信息用 ADPCM 语音编码，而完整的信息达到了 PCM 语音信号的质量(见文献[178]中 PCM 和 ADPCM 的介绍)。线性多播这类应

用的设计可以根据网络的细节进行调整。最近,一个在无线传感器网络中结合线性广播和定向扩散[182]的应用已经在文献[204]中被提出。

线性扩散的一个潜在应用是在一个两层广播系统中所描述的可扩展性。此系统由一个骨干网络和多个局部区域网络(LANs)构成。一个单源节点负责骨干网,每个局域网网关都连接到一个或者多个骨干网节点上。骨干网上信源节点 S 以最小速率 ω 产生消息,并把它发送给所有局域网中的每个用户。并且经常会有新的局域网加入到骨干网中。假设骨干网络中存在线性广播,那么在理想情况下,新的局域网网关应该和骨干网中的最大流不小于 ω 的节点 T 连接。另一方面,如果线性广播实际上是线性扩散,那么就可以将新的局域网网关连接到任何满足 $\mathrm{maxflow}(\wp)$ 不小于 ω 的骨干网节点集合 $\wp$ 上。

实际上,为了使线性多播、线性广播和线性扩散能够按照预期作用,则全局编码核 $\boldsymbol{f}_e, e \in \mathrm{In}(T)$ 必须对于每个节点 T 都可用。当此信息不可用时,仅需要很小的带宽开销,全局编码核 $\boldsymbol{f}_e$ 及其值 $\tilde{f}_e(\boldsymbol{x})$ 能够在每条信道 e 上发送,全局编码核 $\boldsymbol{f}_e, e \in \mathrm{Out}(T)$ 能够由 $\boldsymbol{f}_d, d \in \mathrm{In}(T)$ 利用条件(2.3)计算得到[179]。

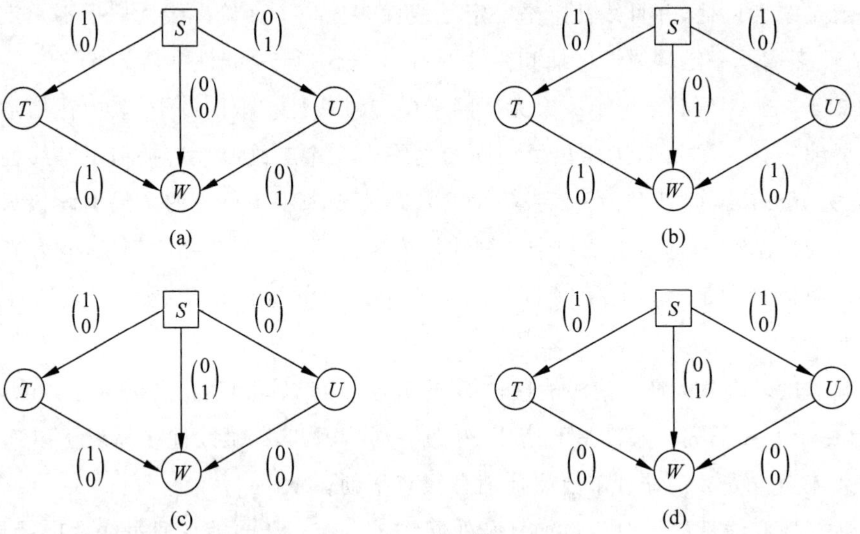

图 2.4 例 2.4 中的一些例子

(a) 无环网络中的二维线性扩散;(b) 二维线性广播但不是线性扩散;(c) 二维线性多播但不是二维线性广播;(d) 二维线性网络编码但不是线性多播

例 2.5 例 2.2 中的线性网络编码满足定义 2.5 中条件(2.5)~条件(2.7)的所有条件。所以它是一个二维线性扩散,因此也是线性广播和线性多播,这与基域的选取无关。

例 2.6 例 2.3 中的更一般线性网络编码满足条件(2.5)关于线性多播的约束，如果

(1) $\boldsymbol{f}_{TW}$ 和 $\boldsymbol{f}_{UW}$ 线性无关；

(2) $\boldsymbol{f}_{TY}$ 和 $\boldsymbol{f}_{XY}$ 线性无关；

(3) $\boldsymbol{f}_{UZ}$ 和 $\boldsymbol{f}_{XZ}$ 线性无关。

等价地，上述条件说明 $s,t,u,v,y,z,nr-pq,npsw+nrux-pnsw-pqux$，$rnsw+rqux-qpsw-qrux$ 都不为零。例 2.2 是其中的特例：

$$n=r=s=t=u=v=w=x=y=z=1 \quad 和 \quad p=q=0$$

条件(2.5)、条件(2.6)和条件(2.7)分别使线性网络编码成为线性多播、线性广播和线性扩散，相应的全局编码核 $\boldsymbol{f}_e$ 具有三种不同层次的最大可能维数。如果基域 F 被实数域 $\mathbf{R}$ 取代，那么在任意给定的线性网络编码中，局部编码核 $k_{d,e}$ 的任意无穷小扰动都会使向量 $\boldsymbol{f}_e$ 相对原来的全局编码核在空间 $\mathbf{R}^\omega$ 中处于“一般位置”。这种“一般位置”可以通过各种可能的方式来避免产生线性相关性，从而使线性空间张成的空间维数最大化。当 F 为有限域时，“一般位置”和微小扰动的概念对于向量空间 F^ω 不再有效。但是，当基域 F 接近无限大时，可以引入这些概念避免产生不必要的线性相关性的效果。

构造线性多播、广播和扩散的一种方法是构造一个线性网络编码，使得其中凡是可以线性无关的全局编码核集合都线性无关。这就引出了如下一般线性网络编码的概念。

定义 2.6 F 为有限域，ω 为正整数。对于无环网络，基域 F 上的 ω 维网络编码称为一般线性网络码，如果令 $\{e_1,e_2,\cdots,e_m\}$ 为任意信道集合，其中 $e_j\in \mathrm{Out}(T_j)$。
若 $\langle\{\boldsymbol{f}_d:d\in \mathrm{In}(T_j)\}\rangle \not\subset \langle\{\boldsymbol{f}_{e_k}:k\neq j\}\rangle$，$1\leqslant j\leqslant m$，则向量 $\boldsymbol{f}_{e1},\boldsymbol{f}_{e2},\cdots,\boldsymbol{f}_{em}$ 线性无关 $(m\leqslant\omega)$。 (2.8)

$\boldsymbol{f}_{e1},\boldsymbol{f}_{e2},\cdots,\boldsymbol{f}_{em}$ 线性无关等价于对所有 j 有 $\boldsymbol{f}_{ej}\notin\langle\{\boldsymbol{f}_{ek}:k\neq j\}\rangle$，这也意味着 $\langle\{\boldsymbol{f}_d:d\in \mathrm{In}(T_j)\}\rangle\not\subset\langle\{\boldsymbol{f}_{ek}:k\neq j\}\rangle$。因此，一般线性网络编码的物理意义为：全局编码核的任意非空集合，凡是可以线性无关的必须线性无关。

注释 2.2 在定义 2.6 中，假设所有的节点 T_j 等价于节点 T。在一般线性网络编码中，对于节点 T 的任意不超过 $\dim(V_T)$ 条输出信道的集合，相应的全局编码核是线性无关的。特别地，如果对于节点 T 有 $|\mathrm{Out}(T)|$ 不大于 $\dim(V_T)$，则节点 T 的所有输出信道的全局编码核都线性无关。

2.3 节中的定理 2.1 将证明当基域无限大时，一般线性网络编码是存在的，定理 2.2 将证明每个一般网络编码都线性扩散。因此，一般网络编码、线性扩散、线性广播和线性

多播在全局编码核线性无关性上具有逐级递减的特性。一般线性网络编码的存在,也就意味着其余 3 种编码方式的存在。

条件(2.8)中一般线性网络编码的要求属于线性代数的范畴,并不涉及最大流的概念。可以预见,除了条件(2.5)、条件(2.6)和条件(2.7)外,新的关于全局编码核线性无关的条件可能会在将来的文献中被提出,并且可能再次需要更加纯粹的线性代数的推导。

另外,无环网络上的线性扩散并不一定要满足一般线性网络编码的要求。一个反例如例 2.7 所示。

例 2.7 图 2.5 中的二维线性扩散并不是一般线性网络编码,因为信源节点 S 的两条输出信道的全局编码核都是$[1\ 1]^{\mathrm{T}}$,和定义 2.6 的结论矛盾。

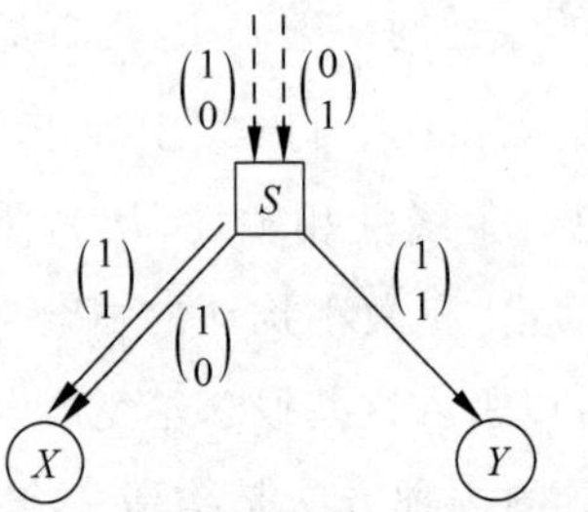

图 2.5 一个二维线性扩散但不是一般线性网络编码的例子

2.3 存在性和构造

给定一个无环网络,以下 3 个因素控制着基域 F 上 ω 维一般线性网络编码、线性扩散、线性广播和线性多播的存在性。

(1) 维数 ω。

(2) 网络的拓扑结构。

(3) 基域 F 的选取。

本书以例 2.8 解释第 3 个因素。

例 2.8 在图 2.6 所示的网络中,一个二维三元线性多播可以通过以下局部编码核构造:

对于 $1 \leqslant i \leqslant 4$,有

$$\boldsymbol{K}_S = \begin{bmatrix} 0 & 1 & 1 & 1 \\ 1 & 0 & 1 & 2 \end{bmatrix}, \quad 且\ \boldsymbol{K}_{U_i} = [1 \quad 1 \quad 1]$$

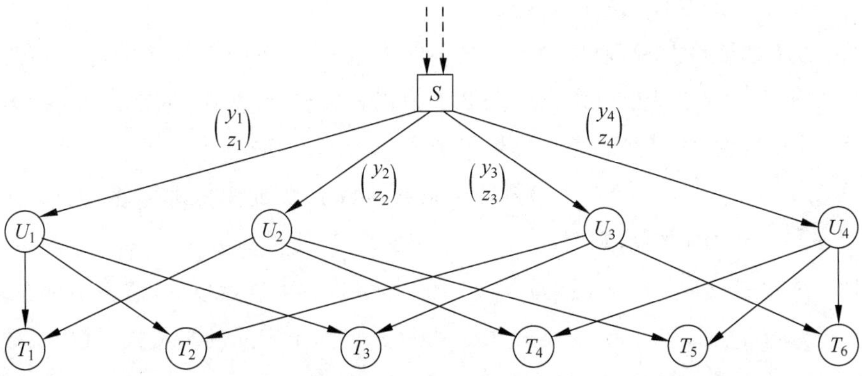

图 2.6　一个二维三元线性多播存在但不存在二维二元线性多播网络

另一方面,可以证明在该网络中不存在二维二元线性多播,即反设二维二元线性多播存在,将得到矛盾。$\boldsymbol{f}_{SU_i}=[\boldsymbol{y}_i\boldsymbol{z}_i]^{\mathrm{T}}$,$1 \leqslant i \leqslant 4$。由于 $\mathrm{maxflow}(T_k)=2$ 对 $1 \leqslant k \leqslant 6$ 都成立,所以每个 T_k 的两条输入信道上的全局编码核一定线性无关。因此,如果节点 T_k 同时在 U_i 和 U_j 的下游,那么向量 $[\boldsymbol{y}_i\boldsymbol{z}_i]^{\mathrm{T}}$ 和 $[\boldsymbol{y}_j\boldsymbol{z}_j]^{\mathrm{T}}$ 一定线性无关。因为每个 T_k 都在 U_1、U_2、U_3 和 U_4 中的某个二元节点对的下游,并且这些对都不同。所以,$[\boldsymbol{y}_i\boldsymbol{z}_i]^{\mathrm{T}}(1 \leqslant i \leqslant 4)$中的 4 个向量一定是两两线性无关的,它们必须是 $GF(2)^2$ 上的不同向量。因为 $GF(2)^2$ 中只有 4 个向量,它们当中必有一个为零向量$[0 \quad 0]^{\mathrm{T}}$,但这与 4 个向量间两两线性无关矛盾。

为了使线性网络编码成为线性多播、线性广播或者线性扩散,需要某类全局编码核的集合张成的空间的维数达到最大值。这相当于使特定的多项式函数取非零值,其中这些多项式的未定元是局部编码核。为了说明这一点,取 ω 为 3,考虑有两条输入信道的节点 T,并将这两条信道上的全局编码核并列成一个 3×2 阶矩阵,则当且仅当存在一个 2×2 阶行列式非零的子矩阵时该矩阵达到最大可能的秩 2。

根据线性网络编码的局部描述,线性网络编码可由局部编码核确定,并且全局编码核可以以降序的节点顺序通过递归计算产生。从例 2.5 中不难发现,全局编码核中的每个分量都是一个多项式函数,其中的未知量是局部编码核。

一个多项式函数需要取非零值并不仅仅意味着多项式中至少有一个系数非零,也意味着可以通过适当地为每个未定元选取值,使多项式函数的值非零。

当基域较小时，某些多项式方程可能无法避免。例如，对于任意的素数 p，多项式方程 $z^p - z = 0$ 对任意的 $z \in GF(p)$ 都成立。例 2.8 中二元线性多播不存在也是因为在 $GF(2)$ 上一组多项式方程无法同时避免。

然而，当基域足够大时，通过为多项式中的未定元适当赋值，每个非零多项式函数都可以取到非零值。这个结论可以在引理 2.1 中正式给出，它为引理 2.3 中断言当基域足够大时无环网络上线性多播的存在提供了依据。

引理 2.1 令 $g(z_1, z_2, \cdots, z_n)$ 是一个系数为域 F 中元素的非零多项式。如果 $|F|$ 大于每个 z_j 在 g 中的次数，则存在 $a_1, a_2, \cdots, a_n \in F$ 使得 $g(a_1, a_2, \cdots, a_n) \neq 0$。

证明：对 n 用数学归纳法证明。当 $n=0$ 时，引理 2.1 显然成立，假设引理在 $n-1$ 时成立，其中 $n \geqslant 1$ 。将 $g(z_1, z_2, \cdots, z_n)$ 表示成以 z_n 为未定元的多项式，其中系数是多项式环 $F(z_1, z_2, \cdots, z_{n-1})$ 中的元素，即

$$g(z_1, z_2, \cdots, z_n) = h(z_1, z_2, \cdots, z_{n-1}) z_n^k + \cdots$$

其中，k 是 z_n 在 g 中的次数并且首项系数 $h(z_1, z_2, \cdots, z_{n-1})$ 是 $F(z_1, z_2, \cdots, z_{n-1})$ 中的非零多项式。根据归纳假设，存在 $a_1, a_2, \cdots, a_{n-1} \in E$ 使得 $h(a_1, a_2, \cdots, a_{n-1}) \neq 0$。因此 $g(a_1, a_2, \cdots, a_{n-1}, z)$ 是一个以 z 为未知量、最高次为 $k < |F|$ 的非零多项式。由于该多项式在 F 中不可能存在多于 k 个根并且 $|F| > k$，所以存在 $a_n \in F$ 使得

$$g(a_1, a_2, \cdots, a_{n-1}, a_n) \neq 0$$

□

例 2.9 在例 2.3 中的二维线性网络编码中，该码由 12 个未定元 $n, p, q, \cdots, z$ 表示。将向量 $\boldsymbol{f}_{TW}$ 和 $\boldsymbol{f}_{UW}$ 并列构成一个 2×2 阶矩阵：

$$\boldsymbol{L}_W = \begin{bmatrix} ns & qu \\ ps & ru \end{bmatrix}$$

向量 $\boldsymbol{f}_{TY}$ 和 $\boldsymbol{f}_{XY}$ 并列构成一个 2×2 阶矩阵：

$$\boldsymbol{L}_Y = \begin{bmatrix} nt & nswy + quxy \\ pt & pswy + ruxy \end{bmatrix}$$

向量 $\boldsymbol{f}_{UZ}$ 和 $\boldsymbol{f}_{XZ}$ 并列构成一个 2×2 阶矩阵：

$$\boldsymbol{L}_Z = \begin{bmatrix} nswz + quxz & qv \\ pswz + ruxz & rv \end{bmatrix}$$

显然有

$$\det(\boldsymbol{L}_W) \cdot \det(\boldsymbol{L}_Y) \cdot \det(\boldsymbol{L}_Z) \neq 0 \in F[n, p, q, \cdots, z]$$

根据引理 2.1 可知，当 F 足够大时，可以为 12 个未定元设定一组值使多项式的值是 F

中的非零值。

$$\det(\boldsymbol{L}_W)\cdot\det(\boldsymbol{L}_Y)\cdot\det(\boldsymbol{L}_Z)\neq 0$$

这组值产生了一个 F 域上的二维线性多播。事实上

$$\det(\boldsymbol{L}_W)\cdot\det(\boldsymbol{L}_Y)\cdot\det(\boldsymbol{L}_Z)=1$$

当 $p=q=0$,并且 $n=r=s=t=\cdots=z=1$ 时。所以,图 2.2 中的二维线性网络编码是线性多播,这个事实不依赖基域 F 的选择。

算法 2.1 (一般线性网络编码的构造)对于正整数 ω 和具有 N 条信道的无环网络。该算法构造了一个无环网络中有限域 F 上的 ω 维线性网络编码,其中有限域 F 中包含多于 $\binom{N+\omega-1}{\omega-1}$ 的元素。算法通过设定全局编码核来构造一般线性网络编码。

```
{        //根据定义,ω 条虚拟信道上的全局编码核构成 F^ω 的标准基.
    for(网络中除了虚拟信道外的所有信道 e)
            f_e = 0(零向量);
        //这仅为初始化,f_e 将向下动态更新.
    for(每个节点 T,由上至下的顺序)
    {
        for(每条信道 e∈Out(T) )
        {     //令 V_T = ⟨{f_d : d∈In(T)}⟩.
              在空间 V_T 中选取一个向量ω,使得ω ∉ ⟨{f_d : d∈ξ}⟩,其中 ξ 是任意 ω−1 条信道
              的集合,包括可能的 In(S)中的虚拟信道,但不包括 e,具有 V_T ⊄ ⟨{f_d : d∈ξ}⟩;
              //为了说明矢量ω 的存在,记 dim(V_T) 为 k.如果 ξ 是任意 ω−1 维具有 V_T ⊄
              ⟨{f_d : d∈ξ}⟩的信道集合,那么 dim(V_T)∩⟨{f_d : d∈ξ}⟩≤k−1.
              //则至多存在 (N+ω−1 choose ω−1) 个这样的集合 ξ,因此,|V_T ∩ (U_ξ ⟨{f_d : d∈ξ}⟩)| ≤
              (N+ω−1 choose ω−1)|F|^(k−1) < |F|^k = |V_T|.
              f_e = ω
              //这等价于为所有的局部编码核 k_{d,e} 选取一组值,使得对于每个 V_T ⊄ ⟨{f_d : d∈
              ξ}⟩的信道集合 ξ,都有 Σ_{d∈In(T)} k_{d,e} f_d ∉ ⟨{f_d : d∈ξ}⟩.
        }
    }
}
```

算法验证:需要证明通过算法 2.1 构造的线性网络编码是一般线性网络编码。考虑去除 In(S)中的虚拟信道的任意信道集合$\{e_1,e_2,\cdots,e_m\}$,其中对于所有的 j,有 $e_j\in\mathrm{Out}(T_j)$ 。假设对于所有的 j,满足 $V_{T_j}\not\subset\langle\{\boldsymbol{f}_{e_k}:k\neq j\}\rangle$,需证明向量 $\boldsymbol{f}_{e_1},\boldsymbol{f}_{e_2},\cdots,\boldsymbol{f}_{e_m}$ 线性无关。

不失一般性地，假设在该算法中 $\boldsymbol{f}_{e_m}$ 为向量 $\boldsymbol{f}_{e_1},\boldsymbol{f}_{e_2},\cdots,\boldsymbol{f}_{e_m}$ 中最后更新的全局编码核。e_m 在信道 $e_1,e_2,\cdots,e_m$ 中通过算法内层 for 循环最后处理。目标是在 m 上应用归纳法证明条件(2.8)，当 $m=1$ 时显然成立。当 $m>2$ 时，若 $\langle\{\boldsymbol{f}_d:d\in\mathrm{In}(T_j)\}\rangle\not\subset\langle\{\boldsymbol{f}_{e_k}:k\neq j,1\leqslant k\leqslant m\}\rangle,1\leqslant j\leqslant m$，那么

$$\langle\{\boldsymbol{f}_d:d\in\mathrm{In}(T_j)\}\rangle\not\subset\langle\{\boldsymbol{f}_{e_k}:k\neq j,1\leqslant k\leqslant m-1\}\rangle,\quad 1\leqslant j\leqslant m-1$$

通过归纳假设，全局编码核 $\boldsymbol{f}_{e_1},\boldsymbol{f}_{e_2},\cdots,\boldsymbol{f}_{e_{m-1}}$ 是线性无关的。很容易证明 $\boldsymbol{f}_{e_m}$ 与 $\boldsymbol{f}_{e_1},\boldsymbol{f}_{e_2},\cdots,\boldsymbol{f}_{e_{m-1}}$ 线性无关。因此

$$V_{T_m}\not\subset\{\boldsymbol{f}_{e_k}:1\leqslant k\leqslant m-1\}$$

假设 $\boldsymbol{f}_{e_1},\boldsymbol{f}_{e_2},\cdots,\boldsymbol{f}_{e_{m-1}}$ 线性无关，有 $m-1<\omega$，或 $m\leqslant\omega$。假设 $m=\omega$，$\{e_1,e_2,\cdots,e_{m-1}\}$是算法内循环中考虑的 $\omega-1$ 条信道集合 ξ 中的一个。

那么 $\boldsymbol{f}_{e_m}$ 是这样选择的，$\boldsymbol{f}_{e_m}\notin\langle\{\boldsymbol{f}_{e_1},\boldsymbol{f}_{e_2},\cdots,\boldsymbol{f}_{e_{m-1}}\}\rangle$，因此 $\boldsymbol{f}_{e_m}$ 是与 $\boldsymbol{f}_{e_1},\boldsymbol{f}_{e_2},\cdots,\boldsymbol{f}_{e_{m-1}}$ 线性无关的。

如果 $m\leqslant\omega-1$，令 $\zeta=\{e_1,e_2,\cdots,e_{m-1}\}$，所以 $|\zeta|\leqslant\omega-2$。随后，将迭代地扩大集合 ζ，让它最终能够包含 $\omega-1$ 条信道，ζ 满足以下条件：

(1) $\{\boldsymbol{f}_d:d\in\zeta\}$是线性无关的集合。

(2) $|\zeta|\leqslant\omega-1$。

(3) $V_{T_m}\not\subset\langle\{\boldsymbol{f}_d:d\in\zeta\}\rangle$。

因为 $|\zeta|\leqslant\omega-2$，在 In(S) 中存在两条虚拟信道 b 和 c，使得 $\{\boldsymbol{f}_d:d\in\zeta\}\cup\{\boldsymbol{f}_b,\boldsymbol{f}_c\}$ 是线性无关集合。为了验证信道 b、c 存在，考虑 In(S) 中的虚拟信道的全局编码核形成有限域 F^ω 的标准基。如果对于所有的虚拟信道 b，$\{\boldsymbol{f}_d:d\in\zeta\}\cup\{\boldsymbol{f}_b\}$是相关的集合，那么 $\boldsymbol{f}_b\in\{\boldsymbol{f}_d:d\in\zeta\}$，这意味着 $F^\omega\subset\langle\{\boldsymbol{f}_d:d\in\zeta\}\rangle$，这是矛盾的，因为 $|\zeta|\leqslant\omega-2<\omega$。因此，这样的虚拟信道 b 存在。为了验证信道 c 的存在性，只需要将上述论断中的 ζ 用 $\zeta\cup\{b\}$ 替换，注意 $|\zeta|\leqslant\omega-1<\omega$。

因为$\{\boldsymbol{f}_d:d\in\zeta\}\cup\{\boldsymbol{f}_b,\boldsymbol{f}_c\}$是线性无关的集合，

$$\langle\{\boldsymbol{f}_d:d\in\zeta\}\cup\{\boldsymbol{f}_b\}\rangle\cap\langle\{\boldsymbol{f}_d:d\in\zeta\}\cup\{\boldsymbol{f}_c\}\rangle=\langle\{\boldsymbol{f}_d:d\in\zeta\}\rangle$$

则要么

$$V_{T_m}\not\subset\langle\{\boldsymbol{f}_d:d\in\zeta\}\cup\{\boldsymbol{f}_b\}\rangle$$

要么

$$V_{T_m}\not\subset\langle\{\boldsymbol{f}_d:d\in\zeta\}\cup\{\boldsymbol{f}_c\}\rangle$$

否则

$$V_{T_m}\subset\langle\{\boldsymbol{f}_d:d\in\zeta\}\rangle$$

和上述的假设矛盾。现在更新 ζ,用 $\zeta \cup \{b\}$ 或 $\zeta \cup \{c\}$ 相应地替换 ζ。那么 ζ 比之前多含有一条信道,当它继续满足最初的 3 条性质时。继续这个过程直到 $|\zeta|=\omega-1$,所以 ζ 是算法内循环中考虑的 $\omega-1$ 条信道集合 ξ 中的一个。对于这个集合 ξ,全局编码核 $\boldsymbol{f}_{e_m}$ 这样选择,使

$$\boldsymbol{f}_{e_m} \notin \langle \{\boldsymbol{f}_d : d \in \xi\} \rangle$$

因为

$$\{\boldsymbol{f}_{e_1}, \boldsymbol{f}_{e_2}, \cdots, \boldsymbol{f}_{e_{m-1}}\} \subset \xi$$

可以推断出 $\{\boldsymbol{f}_{e_1}, \boldsymbol{f}_{e_2}, \cdots, \boldsymbol{f}_{e_m}\}$ 是 $\{\boldsymbol{f}_{e_1}, \boldsymbol{f}_{e_2}, \cdots, \boldsymbol{f}_{e_{m-1}}\} \subset \xi$ 的一个不相关的集合。 □

复杂度分析:对于每条信道 e,算法 2.1 中的"for 循环"处理 $\binom{N+\omega-1}{\omega-1}$ 个由 $\omega-1$ 条信道构成的集合。这些处理过程包括对这些集合 $\xi(V_T \not\subset \langle \{\boldsymbol{f}_d : d \in \xi\} \rangle)$ 的检测以及集合 $V_T \backslash U_\xi \langle \{\boldsymbol{f}_d : d \in \xi\} \rangle$ 的计算。这都可以用高斯消元法等来实现。经过整个算法的处理,包含 $\omega-1$ 条信道集合的总数是 $N\binom{N+\omega-1}{\omega-1}$,它是一个 N 的 ω 次多项式。由此对于给定的 ω,不难验证算法 2.1 的实现可以在 N 的多项式时间内完成。这和后面算法 2.2 线性多播的构造在多项式时间内的实现相似。

注释 2.3 文献[158]研究了非线性网络编码多播问题,证明在大的块长度下,通过随机选取,能够以很高的概率构造出非线性多播。线性网络编码的基域大小对应非线性网络编码的块长度。注意在该算法中关于域的大小的下界说明,如果使用的基域大小远大于该下界,则可以以很高的概率通过随机选择全局编码核的方式构造出一般网络编码。由文献[179]中的线性多播的特殊情况,也可以看到一个类似的结果。这种随机的方式具有构造方式独立于网络拓扑的优势,可以很好地运用于网络拓扑的未知场合。

虽然随机网络编码提供了简单的构造方法和更多的灵活性选择,但它需要一个很大的基域。在一些应用中,它需要证明随机构造的编码确实拥有预期的性质,这需要很大的计算量。

算法 2.1 为下面的定理提供了构造性证明。

定理 2.1 ω 为正整数,对于足够大的基域 F,无环网络上存在 ω 维的一般线性网络编码。

推论 2.1 ω 为正整数,对于足够大的基域 F,无环网络上存在 ω 维的线性扩散。

证明：后续定理 2.2 将说明所有的一般网络编码都是线性扩散。 □

引理 2.2 ω 为正整数，对于足够大的基域 F，无环网络上存在 ω 维的线性广播。

证明：条件(2.7)可推导出条件(2.6)。 □

引理 2.3 ω 为正整数，对于足够大的基域 F，无环网络上存在 ω 维的线性多播。

证明：条件(2.6)可推导出条件(2.5)。 □

实际上，引理 2.2 也隐含着推论 2.1。给定正整数 ω 和一个无环网络。对于每个非源节点的非空集合$\wp$，增加一个新的节点 $T_{\wp}$，其 $|\wp|$ 条输入信道分别来源于每个 $T\in\wp$的节点。这构造了一个新的无环网络。新网络上的线性广播包含旧网络上的线性扩散。

同样地，引理 2.3 通过下面的论述也隐含着引理 2.2。给定正整数 ω 和一个无环网络。对于每个非源节点 T，增加一个新的节点 T' 和此节点的 ω 条输入信道后，直接来源于节点 T 的输入信道的个数为 $\min\{\omega,\mathrm{maxflow}(T)\}$，直接来源于信源节点 S 的输入链路的个数为 $\omega-\min\{\omega,\mathrm{maxflow}(T)\}$。这就构造了一个新的无环网络。新的网络上的线性多播包含旧网络上的线性广播。

文献[188]给出了算法 2.1 计算效率较低的版本，定理 2.1 也证明了所有一般线性网络编码(之后称为“通用 LCM”)是线性广播。下述引理 2.3 的替代证明采用了文献[184]中的方法。

引理 2.3 的替代证明：

令 $e_1,e_2,\cdots,e_m$ 为信道序列，其中 $e_1\in\mathrm{In}(S)$，并且(e_j,e_{j+1})对所有的 j 是邻接对，被称为从 e_1 到 e_m 的路径。对于路径 $P=(e_1,e_2,\cdots,e_m)$，定义

$$\boldsymbol{K}_P=\prod_{1\leqslant j<m}\boldsymbol{k}_{e_j,e_{j+1}} \tag{2.9}$$

通过条件(2.3)递归地从上到下的信道计算，不难发现

$$\boldsymbol{f}_e=\sum_{d\in\mathrm{In}(S)}\Big(\sum_{P:d\text{到}e\text{的一条路径}}\boldsymbol{K}_P\Big)\boldsymbol{f}_d \tag{2.10}$$

对每条信道 e(见例 2.10)成立。因此，每个全局编码核中的每个元素都属于 $F[*]$。定义 $F[*]$为基域 F 上的多项式环，且所有的 $k_{d,e}$ 代表中间节点，这样的中间节点的总数为$\sum_T|\mathrm{In}(T)|\cdot|\mathrm{Out}(T)|$。

令 T 为一个非源节点且 $\mathrm{maxflow}(T)\geqslant\omega$。则存在从 ω 条虚拟信道输入到 $\mathrm{In}(T)$中的 ω 条信道的互不相关的路径。将 $\mathrm{In}(T)$中的 ω 条信道中的全局编码核并列构成一个 $\omega\times\omega$ 的矩阵 $\boldsymbol{L}_T$。下面证明当未定元选取特定的值时，有

$$\det(\boldsymbol{L}_T)=1 \tag{2.11}$$

为了证明这个结论，当 d 和 e 为一个 ω 条边不相交路径上的邻接对时，令 $k_{d,e}=1$，否则令 $k_{d,e}=0$。这种局部编码核的设定使信源节点 S 上发送的符号从 ω 条虚拟信道通过不相交的路径发送到节点 T。因此 $\boldsymbol{L}_T$ 的列即为全局编码核，它们构成了向量空间 F^{ω} 的标准基。所以式(2.11)$\det(\boldsymbol{L}_T)=1$ 成立。因此

$$\det(\boldsymbol{L}_{\mathrm{T}}) \neq 0 \in F[*]$$

即 $\det(\boldsymbol{L}_T)$是以 $k_{d,e}$ 为未定元的非零多项式。由于该结论对所有 $\mathrm{maxflow}(T)\geqslant\omega$ 的非源节点 T 都成立，所以有

$$\prod_{T:\mathrm{maxflow}(T)\geqslant\omega} \det(\boldsymbol{L}_T) \neq 0 \in F[*]$$

根据引理 2.1，当域 F 足够大时，可以为上面多项式中的未定元设定标量值使得

$$\prod_{T:\mathrm{maxflow}(T)\geqslant\omega} \det(\boldsymbol{L}_T) \neq 0$$

进而，$\det(\boldsymbol{L}_T)\neq 0$，对所有满足 $\mathrm{maxflow}(T)\geqslant\omega$ 的 T 都成立。从而，这些标量值生成了满足条件(2.5)中对线性多播要求的线性网络编码。

上述证明提供了线性多播的另一种构造算法，该算法以引理 2.1 作为子算法来搜索满足 $g(a_1,a_2,\cdots,a_n)$的量 $a_1,a_2,\cdots,a_n\in F$，其中 $g(z_1,z_2,\cdots,z_n)$是足够大的基域 F 上的一个非零多项式。这个子算法的直接实现方法是穷举搜索。

并且此证明强化了引理 2.2 的另一种证明，因此可以延伸到线性广播的另一种构造方法。

例 2.10 现在用例 2.3 中的二维线性网络编码的例子来解释引理 2.3 替代证明中的式(2.10)，该码由 12 个未定元 $n,p,q,\cdots,z$ 表示。节点的局部编码核为

$$\boldsymbol{K}_S=\begin{bmatrix} n & q \\ p & r \end{bmatrix},\quad \boldsymbol{K}_T=[s \quad t],\quad \boldsymbol{K}_U=[u \quad v]$$

$$\boldsymbol{K}_W=\begin{bmatrix} w \\ x \end{bmatrix},\quad \boldsymbol{K}_X=[y \quad z]$$

从 $\boldsymbol{f}_{OS}=\begin{bmatrix} 1 \\ 0 \end{bmatrix}$ 和 $\boldsymbol{f}_{OS'}=\begin{bmatrix} 0 \\ 1 \end{bmatrix}$ 开始，利用式(2.10)计算全局编码核。以 $\boldsymbol{f}_{XY}$ 为例。由于从 OS 和 OS'分别到 XY 各自都有两条路径。有

$$\boldsymbol{K}_P=\begin{cases} nswy \\ pswy \\ quxy \\ ruxy \end{cases},\quad 当\ P=\begin{cases} OS,ST,TW,WX,XY \\ OS',ST,TW,WX,XY \\ OS,SU,UW,WX,XY \\ OS',SU,UW,WX,XY \end{cases}$$

因此

$$\begin{aligned} \boldsymbol{f}_{XY} &= (nswy)\boldsymbol{f}_{OS} + (pswy)\boldsymbol{f}_{OS'} + (quxy)\boldsymbol{f}_{OS} + (ruxy)\boldsymbol{f}_{OS'} \\ &= \begin{bmatrix} nswy + quxy \\ pswy + ruxy \end{bmatrix} \end{aligned}$$

这和例 2.3 中的结果是一致的。

当基域 F 足够大时，ω 维一般线性网络编码的存在性已经在定理 2.1 中得到了证明，可以通过构造算法来构造。但线性扩散的存在性需要通过定理 2.2 证明，定理 2.2 证明了所有的一般线性网络编码都线性扩散。接下来主要介绍定理 2.2 及其证明。这个定理的较弱版本即一般线性网络编码都是线性多播，也在文献[188]中得到了证明。

注释：对于一个 $\mathrm{In}(S)$ 中具有 ω 条虚拟信道的网络内的每个节点集合$\wp$，令 $\mathrm{cut}(\wp)$ 为集合$\wp$中所有节点的输入信道集合，并且这些信道的起点不是$\wp$中的节点。特别地，当信源节点 $S\in\wp$时，$\mathrm{cut}(\wp)$包含所有的虚拟信道。

例 2.11 对于图 2.3 中的网络，$\mathrm{cut}(\{U,X\})=\{SU,WX\}$，且 $\mathrm{cut}(\{S,U,X,Y,Z\})=\{OS,OS',WX,TY\}$，其中 OS 和 OS' 表示两条虚拟信道。

引理 2.4 令 $\boldsymbol{f}_e$ 为无环网络上 ω 维线性网络编码中信道 e 的全局编码核。那么对于所有的非源节点集合$\wp$，有

$$\langle\{\boldsymbol{f}_e : e \in \mathrm{cut}(\wp)\}\rangle = \langle \cup_{T\in\wp} V_T\rangle$$

其中，$V_T=\langle \boldsymbol{f}_e : e\in \mathrm{In}(T)\rangle$。

证明：

首先，注意到$\langle \cup_{T\in\wp} V_T\rangle=\langle\{\boldsymbol{f}_e :$ 信道 e 终止于集合$\wp$中的一个节点$\}\rangle$，需要证明集合 Ψ 为空集，其中

$\Psi=\{c : \boldsymbol{f}_c \notin \langle\{\boldsymbol{f}_e : e\in \mathrm{cut}(\wp)\}\rangle, c$ 终止于集合$\wp$中的一个节点$\}$

假设 Ψ 是非空集合，这里需要推导出矛盾。令 c 为 Ψ 中的一条信道并且它不位于集合 Ψ 中任何其他信道的下游。令 $c\in \mathrm{Out}(U)$。根据线性网络编码的定义，$\boldsymbol{f}_c$ 是矢量 $\boldsymbol{f}_d$，$d\in \mathrm{In}(U)$的线性合并。因为 $\boldsymbol{f}_c\notin\langle\{\boldsymbol{f}_e : e\in \mathrm{cut}(\wp)\}\rangle$，因此存在一条信道 $d\in \mathrm{In}(U)$ 且$\boldsymbol{f}_d\notin\langle\{\boldsymbol{f}_e : e\in \mathrm{cut}(\wp)\}\rangle$。因为信道 d 位于信道 c 的上游，因此它不可能属于集合 Ψ。因此，信道 d 终止于集合$\wp$外的节点。信道 d 的终点 U 是信道 c 的起点。这就使得信道 c 属于 $\mathrm{cut}(\wp)$，这与 $\boldsymbol{f}_c\notin\langle\{\boldsymbol{f}_e : e\in \mathrm{cut}(\wp)\}\rangle$矛盾。 □

引理 2.5 令$\wp$为无环网络上具有 ω 条虚拟信道的非源节点的集合。那么 $\min\{\omega, \mathrm{maxflow}(\wp)\}=\min_{\mathfrak{J}\supset\wp}|\mathrm{cut}(\mathfrak{J})|$。

证明：这个证明可由网络流理论中的标准最大流最小割定理证明(见文献[195])，其应用于单信源单信宿网络。将整个集合$\wp$划分为一个信宿集合，并且在节点 S 上游加入一个虚拟的信源节点。则这对信源与信宿之间的最大流即为 $\min\{\omega,\text{maxflow}(\wp)\}$，它们之间的最小割为 $\min_{\mathfrak{J}\supset\wp}|\text{cut}(\mathfrak{J})|$。 □

引理 2.5 中的 $\min\{\omega,\text{maxflow}(\wp)\}$与 $\min_{\mathfrak{J}\supset\wp}|\text{cut}(\mathfrak{J})|$，通过将它们分别当作网络信息流中的最大流和最小割而等价。线性扩散条件(2.5)的要求是从 S 到每个非源节点组$\wp$的信息传输速率达到 $\min\{\omega,\text{maxflow}(\wp)\}$的上界。定理 2.2 将证明一般线性网络编码的这个性质。

定理 2.2　所有的线性网络编码都是线性扩散。

证明：在无环网络中，ω 维一般线性网络编码，$\boldsymbol{f}_e$ 是信道 e 的全局编码核。鉴于引理 2.4，对于非源节点集合$\wp$，采用缩写

$$\text{span}(\wp)=\langle \boldsymbol{f}_e : e\in\text{cut}(\wp)\rangle=\langle \textstyle\bigcup_{T\in\wp}V_T\rangle$$

因此，对于任何集合 $\mathfrak{J}\supset\wp$($\mathfrak{J}$ 可能包含信源 S)，有

$$\text{span}(\mathfrak{J})\supset\text{span}(\wp)$$

因此

$$\dim(\text{span}(\wp))\leqslant\dim(\text{span}(\mathfrak{J}))\leqslant|\text{cut}(\mathfrak{J})|$$

可得

$$\dim(\text{span}(\wp))\leqslant\min_{\mathfrak{J}\supset\wp}|\text{cut}(\mathfrak{J})|$$

因此，根据引理 2.5，有

$$\dim(\text{span}(\wp))\leqslant\min_{\mathfrak{J}\supset\wp}|\text{cut}(\mathfrak{J})|=\min\{\omega,\text{maxflow}(\wp)\}\leqslant\omega \tag{2.12}$$

为了使给定的一般线性网络编码变成线性扩散，需要使对于每个非源节点集合$\wp$，有

$$\dim(\text{span}(\wp))=\min\{\omega,\text{maxflow}(\wp)\} \tag{2.13}$$

根据条件(2.12)，条件(2.13)成立，只要

$$\dim(\text{span}(\wp))=\omega \tag{2.14}$$

或者是

存在一个集合 $\mathfrak{J}\supset\wp$，使 $\dim(\text{span}(\wp))=|\text{cut}(\mathfrak{J})|$。 (2.15)

同样地，$\mathfrak{J}$ 可能包含信源 S。因此，证明了条件(2.15)，在假设条件式(2.16)下成立：

$$\dim(\text{span}(\wp))<\omega \tag{2.16}$$

条件(2.16)是在集合$\wp$外的非源节点数目的基础上推导的。首先，假设这样的非源节点数目为零，即$\wp$包含所有的非源节点。那么，因为线性网络编码是一般的，从定义 2.6 下

的注释可知，$\dim(\mathrm{span}(\wp))$等于$|\mathrm{cut}(\Im)|$或$|\mathrm{cut}(\wp\cup\{S\})|$，这取决于$|\mathrm{cut}(\wp)|$是否不大于$\omega$。通过将$\Im$替换成$\wp$或$\wp\cup\{S\}$，也可以证明条件(2.16)。

下面，假设在集合$\wp$外的非源节点数目非零。对任意的节点T，有

$$\wp'=\wp\cup\{T\}$$

那么存在一个集合$\Im'\supset\wp'$，使得

$$\dim(\mathrm{span}(\wp'))=|\mathrm{cut}(\Im')|$$

证明：如果$\dim(\mathrm{span}(\wp'))=\omega$，则$\Im'$为所有节点的集合，否则这样的节点集合$\Im'$的存在性可以通过归纳假设证明。现在如果

$$\dim(\mathrm{span}(\wp'))=\dim(\mathrm{span}(\wp))$$

那么条件(2.16)通过将$\Im$替换成$\Im'$可以被证明。所以，可以假设

$$\dim(\mathrm{span}(\wp'))>\dim(\mathrm{span}(\wp))$$

因此

存在一条信道$d\in\mathrm{In}(T)$使

$$\boldsymbol{f}_d\notin\mathrm{span}(\wp) \tag{2.17}$$

假设条件(2.17)适用于集合$\wp$外所有非源节点T。由于条件(2.16)$\dim(\mathrm{span}(\wp))<\omega$，所以也适用于$T=S$的场合。因此假设条件(2.17)适用于集合$\wp$外所有节点$T$。由此，有

$$\dim(\mathrm{span}(\wp))=|\mathrm{cut}(\Im)| \tag{2.18}$$

通过将$\Im$替换成$\wp$，也可以得到条件(2.16)。对于每个$e_j\in\mathrm{Out}(T_j)$，令

$$\mathrm{cut}(\wp)=\{e_1,e_2,\cdots,e_m\}$$

采用条件(2.17)中的等式$T=T_j$，存在一条信道$d\in\mathrm{In}(T)$使$\boldsymbol{f}_d\notin\mathrm{span}(\wp)$。因此，对$1\leqslant j\leqslant m$有

$$\langle\boldsymbol{f}_d:d\in\mathrm{In}(T_j)\rangle\not\subset\mathrm{span}(\wp)=\langle\boldsymbol{f}_{e_k}:1\leqslant k\leqslant m\rangle$$

因此

$$\langle\boldsymbol{f}_d:d\in\mathrm{In}(T_j)\rangle\not\subset\langle\boldsymbol{f}_{e_k}:k\neq j\rangle$$

因为$\{e_k:k\neq j\}$是$\{e_1,e_2,\cdots,e_m\}$的一个子集。根据条件(2.8)中一般线性网络编码的要求，矢量$\boldsymbol{f}_{e_1},\boldsymbol{f}_{e_2},\cdots,\boldsymbol{f}_{e_m}$是线性无关的。这就证明了条件(2.15)。 □

2.4 线性多播算法改进

当基域足够大时，定理2.1保证了一般线性网络编码的存在性，其推论也保证了线性扩散、线性广播和线性多播的存在性。这些编码的存在性都源于算法2.1，其给出了足

够大的基域的阈值$\binom{N+\omega-1}{\omega-1}$，其中 N 是网络中信道的数目。这同样也适用于一般线性网络编码以及线性多播的存在性。基域的阈值越小，它们的存在性越强。

一般来说，一类特殊线性网络编码的需求条件越弱，基域需要的大小就越小。下面是一个无环网络的例子，其中，一般线性网络编码对于基域的要求比线性多播更加严格。

例 2.12　图 2.7 展现了在无环网络上，不考虑基域选择的一个二维线性多播的例子。当从 S 到 Y 的两条信道的全局编码核用$\begin{pmatrix}1\\1\end{pmatrix}$和$\begin{pmatrix}1\\2\end{pmatrix}$替换后，线性多播就变成了二维三元一般线性网络编码。另一方面，不难证明在同样的网络上二维二元的一般线性网络编码是不存在的。

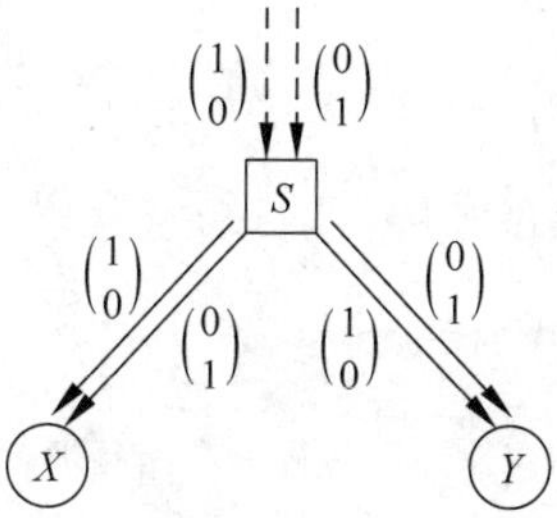

图 2.7　一个二维线性多播的例子

三元一般网络编码存在，但二元一般网络编码不存在

上述足够大的基域的阈值是其存在的充分但非必要条件。有时一般线性网络编码的存在性与基域的选择无关。例如，在例 2.2 中构造了一个二维线性多播，且没有考虑基域的选择条件。然而，基域的选择和一个更加丰富的字母表扮演着有趣的角色。例如，在某个字母表中，线性多播在一个网络中存在，但在更大的字母表中，线性多播不一定存在。

相对于算法 2.1，可以设计一个更高效的算法来构造一个比一般线性网络编码弱的编码。算法 2.2 举例说明了算法 2.1 的改进方式，目的是降低计算复杂度和所需基域的阈值。如下所展示的算法 2.2 只能构造线性多播，但它也可用于以一种直接的方式来构建线性广播。

算法 2.2　（线性多播的构造）此构造的目的是改进算法 2.1[183]，使由其构造出的线性多播更加高效。记网络中最大流满足 $\mathrm{maxflow}(T)\geqslant\omega$ 的非源节点 T 的数目为 η，当 $|F|>\eta$ 时，该算法构造了一个无环网络中有限域 F 上的 ω 维线性多播。定义这些 η 个

非源节点为 $T_1, T_2, \cdots, T_\eta$。

如果信道序列 $e_1, e_2, \cdots, e_l$ 满足 $e_1 \in \mathrm{In}(S)$，$e_l \in \mathrm{In}(T_q)$，并且对于所有的 j，(e_j, e_{j+1}) 是邻接对，则称信道序列 $e_1, e_2, \cdots, e_l$ 为一条通向节点 T_q 的路径。对于每个 q，$1 \leqslant q \leqslant \eta$，存在 ω 条通向节点 T_q 的不相交路径 $P_{q,1}, P_{q,2}, \cdots, P_{q,\omega}$。则总共有 $\eta\omega$ 条路径。采用和之前相同的记号 $V_T = \langle \{ \boldsymbol{f}_d : d \in \mathrm{In}(T) \} \rangle$。下面按照编码顺序为网络中每条信道 e 赋予一个全局编码核 $\boldsymbol{f}_e$，使得对于 $1 \leqslant q \leqslant \eta$，有 $\dim(V_{T_q}) = \omega$。

```
{
    //根据定义,ω 条虚拟信道上的全局编码核构成了 F^ω 的标准基.
  for(网络中的每条信道 e)
      f_e 为零向量;
      //这仅仅是初始化,f_e 将向下动态更新.
  for(q=1,q≤η;q++)
      for(i=1;i≤ω;i++)
      e_{q,i}=虚拟信道起始路径 P_{q,i};
      //这仅仅是初始化.之后 e_{q,i} 将沿着路径 P_{q,i} 向下动态更新直到 e_{q,i} 变成了 In(T_q)中的
        一条信道.
  for(每个节点 T,在向下的任一序列中)
  {
      for(对于每条 e∈Out(T)中的信道)
      {
       //对于信道 e,定义一个“(q,i)对”使得 e 在路径 P_{q,i} 上.
       //注意对于每个 q,至多存在一个(q,i).因此“(q,i)对”的个数至少是 0 至多是 η.由于节
         点 t 以降序编码顺序进行选取, 如果(q,i)是“对”,则可归纳得到 e_{q,i}∈In(T),从而
         f_{e_{q,i}}∈V_T.
       //又 f_{e_{q,i}}∉⟨{f_{e_{q,j}}:j≠i}⟩,理由将在下面算法验证中说明, 从而 f_{e_{q,i}}∈V_T\⟨{f_{e_{q,j}}:
            j≠i}⟩.
       对每个“(q,i)对”,从 V_T 中选取向量ω 使得 ω∉⟨{f_{e_{q,j}}:j≠i}⟩;
       //为了说明ω 的存在性,令 dim(V_T)=k.由于
       //f_{e_{q,i}}∈V_T\⟨{f_{e_{q,j}}:j≠i}⟩,对每个“(q,i)对”,有
       //dim(V_T)∩⟨{f_{e_{q,j}}:j≠i}⟩≤k-1.因此
       //|V_T∩(∪_{(q,i)}:⟨{f_{e_{q,j}}:j≠i}⟩)|≤η|F|^{k-1}<|F|^k=|V_T|.
       f_e=ω;
       //这等价于为所有 d∈In(T)的局部编码核 k_{d,e} 选取一组值,使得对于每个“(q,i)对”,都
          有 Σ_{d∈In(T)} k_{d,e} f_d ∉ ⟨{f_{e_{q,j}}:j≠i}⟩.
      for(每个“(q,i)对”)
          e_{q,i}=e;
      }
  }
}
```

算法验证：对 $1 \leqslant q \leqslant \eta$ 和 $1 \leqslant i \leqslant \omega$，信道 $e_{q,i}$ 在路径 $P_{q,i}$ 上。$e_{q,i}$ 在开始时是源节点 S 的一条虚拟信道。它通过沿着路径 $P_{q,i}$ 向下动态更新，直到最终成为 $\mathrm{In}(T_q)$ 中的

一条信道。

对于一个固定的 q，$1\leqslant q\leqslant\eta$，初始时，向量 $\boldsymbol{f}_{e_{q,1}},\boldsymbol{f}_{e_{q,2}},\cdots,\boldsymbol{f}_{e_{q,\omega}}$ 是线性无关的，因为它们构成了 F^{ω} 的标准基，算法结束时仍然需要生成向量空间 V_{T_q}。所以，为了使最终构造的线性网络编码为线性多播，只要证明 $\boldsymbol{f}_{e_{q,1}},\boldsymbol{f}_{e_{q,2}},\cdots,\boldsymbol{f}_{e_{q,\omega}}$ 在整个算法执行过程中能保持线性无关。

固定一个节点 X_j 和一条信道 $e\in\mathrm{Out}(X_j)$。需要证明算法内层 for 循环对信道 e 执行的每步都能保持上述线性无关性。算法定义了一个"(q,i)对"使 e 在路径 $P_{q,i}$ 上。对于所有 $1\leqslant i\leqslant\omega$，如果没有这样的对$(q,i)$，那么信道 $e_{q,1},e_{q,2},\cdots,e_{q,w}$ 不变，$\boldsymbol{f}_{e_{q,1}}$，$\boldsymbol{f}_{e_{q,2}},\cdots,\boldsymbol{f}_{e_{q,\omega}}$ 也保持不变。所以只需要考虑对某些 i 存在一个(q,i)的情况，信道 $e_{q,1}$，$e_{q,2},\cdots,e_{q,w}$ 中唯一改变是 $e_{q,i}$ 变成了 e。同时 $\boldsymbol{f}_{e_{q,1}},\boldsymbol{f}_{e_{q,2}},\cdots,\boldsymbol{f}_{e_{q,\omega}}$ 中只有 $\boldsymbol{f}_{e_{q,i}}$ 变成了向量 $\boldsymbol{\omega}\notin\langle\{\boldsymbol{f}_{e_{q,j}}:j\neq i\}\rangle$。所以 $\boldsymbol{f}_{e_{q,1}},\boldsymbol{f}_{e_{q,2}},\cdots,\boldsymbol{f}_{e_{q,\omega}}$ 之间的线性无关性仍然保持。 □

复杂性分析：记算法 2.1 中的网络的信道数目为 N。在算法 2.2 中的 for 循环对每条信道 e 至多处理 η 个"(q,i)对"，其中处理"(q,i)对"的过程和算法 2.1 中处理信道集合 ξ 的过程类似。经过整个算法，至多 $N\eta$ 个信道集合经过处理。由此对给定的 ω 不难在 N 的多项式时间内实现算法。算法的复杂性细节分析见文献[183]。直接扩展算法 2.2 即可在类似多项式时间内构造线性广播。

2.5 静态网络编码

到目前为止，本书只涉及拓扑结构固定的网络上的线性网络编码。在一些应用中，通信网络的配置可能会由于流量拥挤导致链路故障等随时间变化而变化。文献[184]首先考虑了这种情况下的线性多播问题。

惯例：网络的配置 ε 是一个网络中信道集合到集合$\{0,1\}$的映射。相对于这个配置，$\varepsilon^{-1}(0)$中的信道表示空闲的信道，删除所有空闲信道后的子网称为 ε^{-} 子网。在 ε^{-} 子网上，从信源节点 S 到非源节点 T 的最大流记为 $\mathrm{maxflow}_{\varepsilon}(T)$。类似地，在 ε^{-} 子网上，从信源节点 S 到非源节点集合的$\wp$中最大流记为 $\mathrm{maxflow}_{\varepsilon}(\wp)$。

定义 2.7 F 为有限域，ω 为正整数。在无环通信网络上，有限域 F 上的 ω 维线性网络编码中，$k_{d,e}$ 为邻接对(d,e)上的局部编码核。信道 e 上的 ε^{-} 全局编码核记为 $\boldsymbol{f}_{e,\varepsilon}$，按照降序的顺序递归计算得到的一个 ω 维列向量：

$$\boldsymbol{f}_{e,\varepsilon}=\varepsilon(e)\sum_{d\in\mathrm{In}(T)}k_{d,e}\boldsymbol{f}_{d,\varepsilon}\quad 其中\quad e\in\mathrm{Out}(T)\tag{2.19}$$

ω 条虚拟信道上的 ε^{-} 全局编码核独立于 ε，并且自然构成了空间 F^{ω} 的一组基。 (2.20)

注意在定义 2.7 中，局部编码核 $k_{d,e}$ 不会随配置 ε 改变。在给定局部编码核时，ε^{-} 全局编码核可以根据条件(2.19)递归计算得到，条件(2.20)是边界条件。当网络的配置为 ε 时，用 ω 维行向量表示信源产生的一条消息 $\boldsymbol{x}$。节点 T 收到的符号为 $\boldsymbol{x}\cdot\boldsymbol{f}_{d,\varepsilon}$，$d\in\mathrm{In}(T)$，可以通过线性公式计算每条输出信道 $e\in\mathrm{Out}(T)$ 上将要发送的符号 $\boldsymbol{x}\cdot\boldsymbol{f}_{e,\varepsilon}$ 为

$$\boldsymbol{x}\cdot\boldsymbol{f}_{e,\varepsilon}=\varepsilon(e)\sum_{d\in\mathrm{In}(T)}k_{d,e}(\boldsymbol{x}\cdot\boldsymbol{f}_{d,\varepsilon})$$

特别地，根据条件(2.19)，若信道 e 满足 $\varepsilon(e)=0$，有 $\boldsymbol{f}_{e,\varepsilon}=0$ 且信道 e 传输符号 $\boldsymbol{x}\cdot\boldsymbol{f}_{e\cdot\varepsilon}=0$，当 $\boldsymbol{f}_{e,\varepsilon}=0$ 时，认为符号 $\boldsymbol{x}\cdot\boldsymbol{f}_{e,\varepsilon}=0$ 在信道上发送。在实际网络环境中，符号 0 不会在一条失效的信道上传输。相反，如果节点在一条输入信道上没有收到任何符号，那么节点将 0 作为接收到的符号。

定义 2.8 以下是定义 2.7 的符号，采用缩写 $V_{T,\varepsilon}=\langle\{\boldsymbol{f}_{d,\varepsilon}:d\in\mathrm{In}(T)\}\rangle$。

有限域 F 上的 ω 维线性网络编码满足静态线性多播、静态线性广播、静态线性扩散和静态一般线性网络编码的条件分别为

对每种配置 ε 和每个满足 $\mathrm{maxflow}_{\varepsilon}(T)\geqslant\omega$ 的非源节点 T

$$\dim(V_{T,\varepsilon})=\omega\tag{2.21}$$

对每种配置 ε 和每个非源节点 T

$$\dim(V_{T,\varepsilon})=\min\{\omega,\mathrm{maxflow}_{\varepsilon}(T)\}\tag{2.22}$$

对每种配置 ε 和非源节点集合 $\wp$

$$\dim(\textstyle\bigcup_{T\in\wp}V_{T,\varepsilon})=\min\{\omega,\mathrm{maxflow}_{\varepsilon}(\wp)\}\tag{2.23}$$

对每种配置 ε，$\{e_1,e_2,\cdots,e_m\}$ 为信道集合，其中

$$e_j\in\mathrm{Out}(T_j)\cap\varepsilon^{-1}(1)$$

那么，矢量 $\boldsymbol{f}_{e_{1,\varepsilon}},\boldsymbol{f}_{e_{2,\varepsilon}},\cdots,\boldsymbol{f}_{e_{m,\varepsilon}}$ 是线性独立的(因此 $m\leqslant\omega$)，前提是对所有的 j 有 $V_{T_{j,\varepsilon}}\not\subset\langle\{\boldsymbol{f}_{e_{k,\varepsilon}}:k\neq j\}\rangle$。

上述"静态的"强调了虽然配置 ε 会不断变化，但局部编码核保持不变。静态线性扩散、广播和多播的优势在于当链路故障时，网络中每个节点的局部操作的影响被降到了最低。但是，网络中的每个接收节点需要在正确译码之前知道配置 ε。在具体实现中，这些信息可以通过一个分离的信令网络来实现。在没有这样的网络的情况下，参考文献[170]提出了将信息传输到接收节点的训练方法。

例 2.13　图 2.8 中 $GF(5)$上的二维线性网络编码由局部编码核

$$\boldsymbol{K}_S = \begin{bmatrix} 1 & 0 & 1 \\ 0 & 1 & 1 \end{bmatrix}, \quad \boldsymbol{K}_X = \begin{bmatrix} 1 & 3 \\ 3 & 2 \\ 1 & 1 \end{bmatrix}$$

确定，它是静态通用网络编码。记 In(X)中的三条信道分别为 c、d 和 e，Out(X)中的两条信道分别是 g 和 h。表 2.1 列出了所有可能的配置 ε 下的向量 $\boldsymbol{f}_{g,\varepsilon}$ 和 $\boldsymbol{f}_{h,\varepsilon}$，根据这些可以直接验证条件(2.24)。

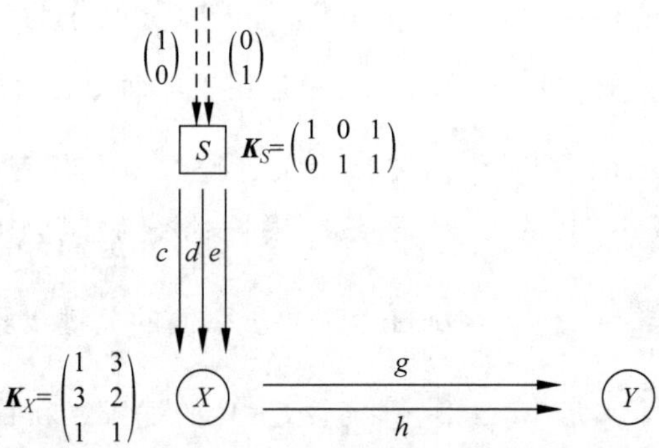

图 2.8　二维 $GF(5)$上的静态通用网络编码

表 2.1　例 2.13 中所有可能的配置 ε 下向量 $\boldsymbol{f}_{g,\varepsilon}$ 和 $\boldsymbol{f}_{h,\varepsilon}$ 的值

$\varepsilon(c)$	0	0	0	1	1	1	1
$\varepsilon(d)$	0	1	1	0	0	1	1
$\varepsilon(e)$	1	0	1	0	1	0	1
$\boldsymbol{f}_{g,\varepsilon}$	$\varepsilon(g)\begin{bmatrix}1\\1\end{bmatrix}$	$\varepsilon(g)\begin{bmatrix}0\\3\end{bmatrix}$	$\varepsilon(g)\begin{bmatrix}1\\4\end{bmatrix}$	$\varepsilon(g)\begin{bmatrix}1\\0\end{bmatrix}$	$\varepsilon(g)\begin{bmatrix}2\\1\end{bmatrix}$	$\varepsilon(g)\begin{bmatrix}1\\3\end{bmatrix}$	$\varepsilon(g)\begin{bmatrix}2\\4\end{bmatrix}$
$\boldsymbol{f}_{h,\varepsilon}$	$\varepsilon(h)\begin{bmatrix}1\\1\end{bmatrix}$	$\varepsilon(h)\begin{bmatrix}0\\2\end{bmatrix}$	$\varepsilon(h)\begin{bmatrix}1\\3\end{bmatrix}$	$\varepsilon(h)\begin{bmatrix}3\\0\end{bmatrix}$	$\varepsilon(h)\begin{bmatrix}4\\1\end{bmatrix}$	$\varepsilon(h)\begin{bmatrix}3\\2\end{bmatrix}$	$\varepsilon(h)\begin{bmatrix}4\\3\end{bmatrix}$

下面给出一个不是静态线性多播的通用网络编码的例子。

例 2.14　在图 2.8 的网络中，一个二维 $GF(5)$上的通用网络编码由局部编码核

$$\boldsymbol{K}_S = \begin{bmatrix} 1 & 0 & 1 \\ 0 & 1 & 1 \end{bmatrix}, \quad \boldsymbol{K}_X = \begin{bmatrix} 2 & 1 \\ 1 & 2 \\ 0 & 0 \end{bmatrix}$$

确定。对满足 $\varepsilon(c)=0$ 和 $\varepsilon(d)=\varepsilon(e)=1$ 的配置 $\varepsilon,\varepsilon^{-}$ 全局编码核为

$\boldsymbol{f}_{g,\varepsilon}=\begin{bmatrix}0\\1\end{bmatrix}$ 和 $\boldsymbol{f}_{h,\varepsilon}=\begin{bmatrix}0\\2\end{bmatrix}$。所以 $\dim(V_{Y,\varepsilon})=1$。另一方面 $\mathrm{maxflow}_{\varepsilon}(Y)=2$，所以这个通用网络编码不是静态线性多播。

回忆一下算法 2.1 中构造通用网络编码时，算法的关键步骤是为每条信道 $e\in \mathrm{Out}(T)$ 选择 $V_T=\langle\{\boldsymbol{f}_d:d\in \mathrm{In}(T)\}\rangle$ 中的一个向量作为全局编码核 $\boldsymbol{f}_e$，使得 $\boldsymbol{f}_e\notin\langle\{\boldsymbol{f}_c:c\in\xi\}\rangle$，其中 ξ 是如算法中描述的任意指定的 $\omega-1$ 条 $V_T\not\subset\langle\{\boldsymbol{f}_c:c\in\xi\}\rangle$ 的信道集合。这等价于为所有的输入信道 $d\in \mathrm{In}(T)$ 选择标量值作为局部编码核 $k_{d,e}$，使得 $\sum_{d\in \mathrm{In}(T)} k_{d,e}\boldsymbol{f}_d\notin\langle\{\boldsymbol{f}_c:c\in\xi\}\rangle$。算法 2.1 被运用于下面静态通用网络编码的构造。

算法 2.3 （静态通用网络编码的构造）给定正整数 ω 和具有 N 条信道的无环网络，下面给出一个有限域 F 上的 ω 维静态通用网络编码，其中 F 包含的元素多于 $2^N\binom{N+\omega-1}{\omega-1}$。记 $V_{T,\varepsilon}=\langle\{\boldsymbol{f}_{d,\varepsilon}:d\in \mathrm{In}(T)\}\rangle$。下面的关键步骤即为局部编码核 $k_{d,e}$ 选择标量值，使得对每个满足 $V_{T,\varepsilon}\not\subset\langle\{\boldsymbol{f}_{c,\varepsilon}:c\in\xi\}\rangle$ 的配置 ξ 和每个 $\omega-1$ 条信道（包括 $\mathrm{In}(S)$ 中可能的虚拟信道）的集合 ξ，都有 $\sum_{d\in \mathrm{In}(T)} k_{d,e}\boldsymbol{f}_{d,\varepsilon}\notin\langle\{\boldsymbol{f}_{c,\varepsilon}:c\in\xi\}\rangle$。那么，$\boldsymbol{f}_{e,\varepsilon}$ 将被设置为 $\boldsymbol{f}_{e,\varepsilon}=\varepsilon(e)\sum_{d\in \mathrm{In}(T)} k_{d,e}\boldsymbol{f}_{d,\varepsilon}$。

```
{
      //根据定义,ω 条虚拟信道上的全局编码核构成了 F^ω 的标准基.
  for(网络中的每条信道 e)
    for(所有配置 ε)
      f_{e,ε} = 0(零向量);
        //初始化.
  for(每个节点 T,按照降序的顺序)
  {
    for(每条信道 e∈Out(T))
    {
      为所有的 d∈T 选择一个值 k_{d,e},使得对于任意配置 ε,
          Σ_{d∈In(T)} k_{d,e} f_d ∉ ⟨{f_{c,ε} : c ∈ ξ}⟩, 其中,每个信道集合 ξ 满足 V_{T,ε} ⊄ ⟨{f_{c,ε} : c∈ξ}⟩;
      //为了说明 k_{d,e} 的存在性,记 dim(V_{T,ε}) = m. 对于任意满足 V_{T,ε} ⊄ ⟨{f_{c,ε} : c∈ξ}⟩ 的信道
        集合 ξ, V_{T,ε} ∩ ⟨{f_{c,ε} : c∈ξ}⟩ 的维度小于 m. 考虑 F^{|In(T)|} 到 F^ω 的线性映 [k_{d,e}]_{d∈In(T)} ↦
        Σ_{d∈In(T)} k_{d,e} f_{d,ε}. 该映射的零度为 |In(T)| − m. 因此空间 V_{T,ε} ∩ ⟨{f_{c,ε} : c∈ξ}⟩ 的原像的维
        数小于 |In(T)|. 因此 V_{T,ε} ∩ ⟨{f_{c,ε} : c∈ξ}⟩ 的原像至多包含 2^N (N+ω−1 choose ω−1) |F|^{|In(T)|−1}
```

个元素. 如果 $|F|>2^N\binom{N+\omega-1}{\omega-1}$，那么上式小于 $|F|^{|\mathrm{In}(T)|}$.

```
    for(每种配置 ε)
        f_{e,ε} = ε(e) Σ_{d∈In(T)} k_{d,e} f_{d,ε};
    }
  }
}
```

算法验证：对算法 2.3 构造静态通用网络编码的验证和算法 2.1 中给出的验证相同，具体细节在此省略。

算法 2.3 提供了下面定理的一种构造性证明。

定理 2.3　给定正整数 ω 和无环网络，当基域 F 足够大时，无环网络上存在 ω 维静态线性网络编码。

推论 2.2　给定正整数 ω 和无环网络，当基域 F 足够大时，无环网络上存在 ω 维静态线性扩散。

推论 2.3　给定正整数 ω 和无环网络，当基域 F 足够大时，无环网络上存在 ω 维静态线性广播。

推论 2.4　给定正整数 ω 和无环网络，当基域 F 足够大时，无环网络上存在 ω 维静态线性多播。

文献[184]给出的推论 2.4 的原始证明是通过在 2.4 节中扩展引理 2.3 的替代证明而得到的。当基域足够大时，其与引理 2.1 一起提供了另一种静态线性多播的构造算法。实际上，这个算法可以扩展为静态线性广播的构造算法。

定义 2.8 中条件(2.21)～条件(2.23)针对所有可能的 2^n 种配置。但是为了提供链接故障、网络安全、网络的可扩展性、传输冗余和拥塞时的替换路径等，在实际的应用环境中可能只需要处理一些特定的配置 $\{\varepsilon_1,\varepsilon_2,\cdots,\varepsilon_\kappa\}$。比如，可以分别用条件(2.25)和条件(2.26)替换定义 $\{\varepsilon_1,\varepsilon_2,\cdots,\varepsilon_\kappa\}$-静态线性多播和 $\{\varepsilon_1,\varepsilon_2,\cdots,\varepsilon_\kappa\}$-静态线性广播。

对每种配置 $\varepsilon\in\{\varepsilon_1,\varepsilon_2,\cdots,\varepsilon_\kappa\}$ 和每个满足 $\mathrm{maxflow}_\varepsilon(T)\geqslant\omega$ 的非源节点 T，有

$$\dim(V_{T,\varepsilon})=\omega \tag{2.25}$$

对每种配置 $\varepsilon\in\{\varepsilon_1,\varepsilon_2,\cdots,\varepsilon_\kappa\}$ 和每个非源节点 T，有

$$\dim(V_{T,\varepsilon})=\min\{\omega,\mathrm{maxflow}_\varepsilon(T)\} \tag{2.26}$$

算法 2.1 通过一些关键步骤的改动已经转换成算法 2.3。类似地，算法 2.2 通过一些改动也可以转换用来构造 $\{\varepsilon_1,\varepsilon_2,\cdots,\varepsilon_\kappa\}$ 静态线性多播或静态线性广播。这将降低所需的基域的大小以及计算复杂性。实际上，计算能控制在 κN 的多项式时间内，其中 N 为网络中信道的数目。

第 3 章

有环网络

如果有向网络至少包含一个有向环,则称它是有环的。本章主要基于文献[186],处理有环网络上的网络编码。

将线性网络编码的局部描述(定义 2.3)和全局描述(定义 2.4)应用到有环网络上的一个问题是,需要对信源节点产生的管道消息流中每个消息进行二次处理。在无环网络中,在节点上操作可以做到同步,每个消息被单独编码并从上游节点传播到下游节点。即消息序列中的消息能够独立于序列中的顺序进行处理。在这种情况下,网络编码问题独立于传播时延(包括链路上的传输时延和节点上的处理时延)。然而,在一个有环网络中,仅在假设网络中不存在时延时,所有链路上的全局编码核可以被同时执行,当然这也是不现实的。链路中传输的消息和正在处理的消息可能会“交织”在一起。因此,消息传输和处理中产生的延迟量成为了网络编码中需要考虑的一部分。即在有环网络中,时间维度是传输的必要部分。另一个问题是在有环网络上的定义 2.3 与定义 2.4 的不等价性,这将在 3.1 节中观察到。

3.1　无时延的有环网络上线性网络编码的局部和全局描述的不等价性

在无环网络中，定义 2.3 中对于线性网络编码的局部描述和定义 2.4 中对于线性网络编码的全局描述是等价的，这是因为对于给定的局部编码核，全局编码核可以按照任意降序递归计算得到。换句话说，根据局部编码核，关于全局编码核的条件(2.3)有唯一解，其中边界条件由条件(2.4)给出。如果将这些描述应用到有环网络中，可能会出现相应的逻辑问题。

首先，令 $\boldsymbol{f}_d$ 为链路 d 的全局编码核。对于网络中每个非源节点的集合$\wp$有

$$\langle\{\boldsymbol{f}_d : d \in \mathrm{In}(T),\text{对于一些 } T \in \wp\}\rangle = \langle\{\boldsymbol{f}_e : e \in \mathrm{cut}(\wp)\}\rangle$$

然而，第一，定义 2.4 不是总能推导出有环网络上的此等价性。第二，在给定局部编码核的情况下，全局编码核可能有存在无解、有唯一解和存在多解的情况，如例 3.1 所示。

例 3.1　图 1.2(b)描述了在一个通信网络中，两个信源节点之间的通信。这种网络的一个等价表现形式就是创建一个单源节点，其有两条输出到两个信源节点的虚拟信道 b_1 和 b_2，如图 3.1 所示。令 ST 在信道排序中在 VT 之前。类似地，令 ST' 排在 VT' 之前。给定局部编码核：

$$\boldsymbol{K}_S = \begin{bmatrix} 1 & 0 \\ 0 & 1 \end{bmatrix},\quad \boldsymbol{K}_T = \boldsymbol{K}_{T'} = \begin{bmatrix} 1 \\ 0 \end{bmatrix},\quad \boldsymbol{K}_U = \begin{bmatrix} 1 \\ 1 \end{bmatrix},\quad \boldsymbol{K}_V = \begin{bmatrix} 1 & 1 \end{bmatrix}$$

条件(2.3)产生了下列关于全局编码核的唯一解：

$$\boldsymbol{f}_{ST} = \boldsymbol{f}_{TU} = \begin{bmatrix} 1 \\ 0 \end{bmatrix},\quad \boldsymbol{f}_{ST'} = \boldsymbol{f}_{T'U} = \begin{bmatrix} 0 \\ 1 \end{bmatrix}$$

$$\boldsymbol{f}_{UT} = \boldsymbol{f}_{VT} = \boldsymbol{f}_{VT'} = \begin{bmatrix} 1 \\ 1 \end{bmatrix}$$

图 3.1 中标出了这些全局编码核，它们定义了一种和基域的选取无关的二维线性广播。

例 3.2　在有环网络中任意指定的局部编码核集合一般不会和所有可能的全局编码核兼容。在图 3.2(a)中，给定了有环网络中的每个节点 T 的局部编码核 $\boldsymbol{K}_T$。假设对于

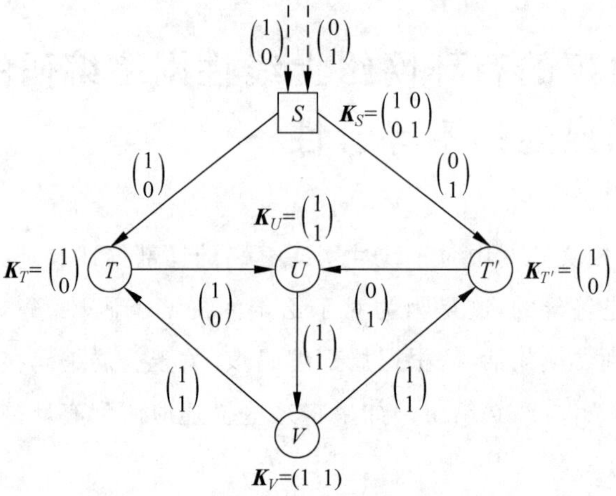

图 3.1 有环网络中的二维线性广播

每条信道 e,全局编码核 $\boldsymbol{f}_e$ 都存在,那么由条件(2.3)可得到如下等式:

$$\boldsymbol{f}_{XY}=\begin{bmatrix}1\\0\end{bmatrix}+\boldsymbol{f}_{WX},\quad \boldsymbol{f}_{YW}=\begin{bmatrix}0\\1\end{bmatrix}+\boldsymbol{f}_{XY},\quad \boldsymbol{f}_{WX}=\boldsymbol{f}_{YW}$$

相加即得矛盾:

$$\begin{bmatrix}1\\0\end{bmatrix}=\begin{bmatrix}0\\1\end{bmatrix}$$

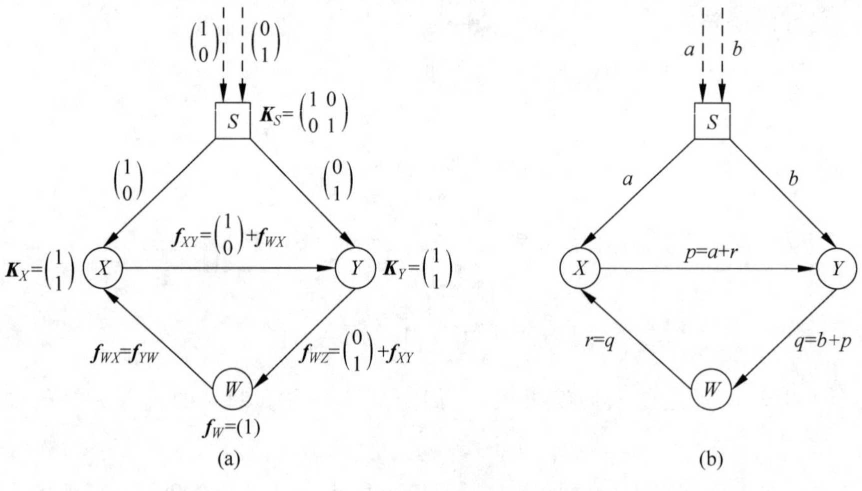

图 3.2 一个有环网络中通过局部编码核无法得到全局编码核的例子

兼容性全局编码核的不存在性也可以通过信息的传输进行说明。设信源 S 产生的消息 $\boldsymbol{x}=(a,b)$ 为 F^2 中的一个向量。图 3.2(b)给出了信道 e 上传输的符号 $\boldsymbol{x}\cdot\boldsymbol{f}_e$。特别地,符号 $\boldsymbol{p}=\boldsymbol{x}\cdot\boldsymbol{f}_{XY}$,$\boldsymbol{q}=\boldsymbol{x}\cdot\boldsymbol{f}_{YW}$,$\boldsymbol{r}=\boldsymbol{x}\cdot\boldsymbol{f}_{WX}$ 通过如下等式关联:

$$\boldsymbol{p}=a+r$$

$$\boldsymbol{q}=b+p$$

$$\boldsymbol{r}=q$$

这些等式可以得出

$$a+b=0$$

和通用消息中 a 和 b 之间的独立性相矛盾。

例 3.3 设 F 为 $GF(2)$的一个扩域。考虑例 3.2 除了 $\boldsymbol{K}_S=\begin{bmatrix}1 & 0\\0 & 1\end{bmatrix}$外,其他局部编码核都与例 3.2 中条件相同的情况。下面三组全局编码核都满足线性网络编码定义中条件(2.3)的需求:

$$\boldsymbol{f}_{SX}=\boldsymbol{f}_{SY}=\begin{bmatrix}1\\0\end{bmatrix},\quad \boldsymbol{f}_{XY}=\begin{bmatrix}0\\0\end{bmatrix},\quad \boldsymbol{f}_{YW}=\boldsymbol{f}_{WX}=\begin{bmatrix}1\\0\end{bmatrix}$$

$$\boldsymbol{f}_{SX}=\boldsymbol{f}_{SY}=\begin{bmatrix}1\\0\end{bmatrix},\quad \boldsymbol{f}_{XY}=\begin{bmatrix}1\\0\end{bmatrix},\quad \boldsymbol{f}_{YW}=\boldsymbol{f}_{WX}=\begin{bmatrix}0\\0\end{bmatrix}$$

$$\boldsymbol{f}_{SX}=\boldsymbol{f}_{SY}=\begin{bmatrix}1\\0\end{bmatrix},\quad \boldsymbol{f}_{XY}=\begin{bmatrix}0\\1\end{bmatrix},\quad \boldsymbol{f}_{YW}=\boldsymbol{f}_{WX}=\begin{bmatrix}1\\1\end{bmatrix}$$

3.2 卷积网络编码

假设网络中每条链路在每个时隙都携带一个标量值。考虑物理可行性和算术逻辑性,当消息在有环网络中传播时,需要假设传播时延和处理时延为 0。文献[188]和文献[184]简单地假定了一个可忽略的传输延迟和节点单位时间的处理延迟,本书将这样的网络称为单位时延网络。在这个说明性文本中,本书将再次考虑单位时延网络,以便简化数学公式和证明中的符号。此外,虽然本章得到的结果都在有环网络中进行讨论,但事实上它们也可以用于无环网络。

当一个时分复用网络出现在混合的时空域中时,单位时延网络可以根据时间维度展开成一个无穷长的网络，称为栅格网络。对应物理节点 X 的是栅格网络中的一个节点序列 $X_0, X_1, X_2, \cdots$，其中下标表示时刻。栅格网络中的信道仅表示时隙 $t \geqslant 0$ 时的物理信道 e，定义为 (e,t)。当物理信道 e 从节点 X 到节点 Y 时，信道 (e,t) 表示从节点 X_t 到节点 Y_{t+1}。即使在物理网络的拓扑结构中存在环时，栅格网络也是无环的。这是因为栅格网络中的所有信道都按照正向时间方向标注传输方向，所以在网络中不可能形成有向环。

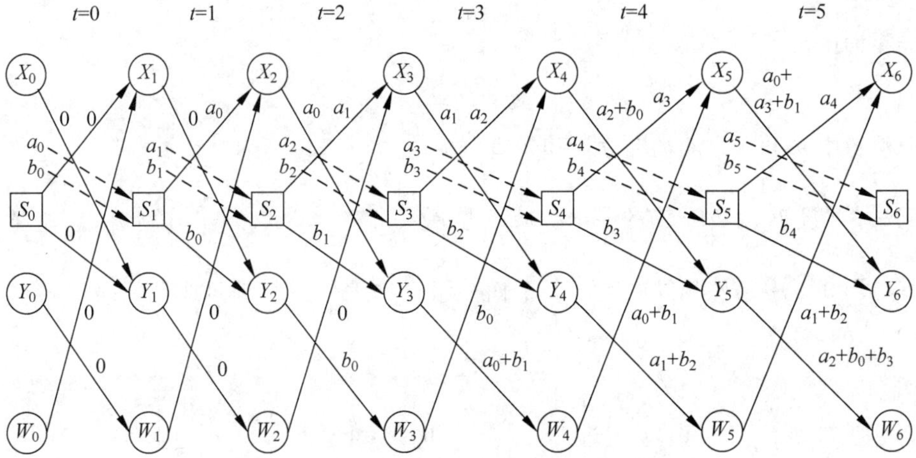

图 3.3 时间轴上无限延伸的栅格网络

例 3.4 在图 3.3 中，栅格网络中的每条信道 (e,t)，$t=0,1,2,\cdots$ 上发送的标量值由局部编码核确定。例如，信道 (XY,t)，$t \geqslant 0$ 上传输的标量值分别为

$$0,0,a_0,a_1,a_2+b_0,a_0+a_3+b_1,a_1+a_4+b_2,a_2+a_5+b_0+b_3,\cdots$$

这就构成了一个卷积网络编码的例子，卷积网络编码的正式定义见定义 3.1。

给定基域 F，对于函数 $p(z)/(1+zq(z))$，当 $z=0$ 时可扩展为幂级数，其中 $p(z)$ 和 $q(z)$ 都是多项式。这种形式的有理函数可称为“有理幂级数”。它们构成一个整环[①]，表示为 $F\langle z\rangle$。F 上的幂级数环通常记为 $F[[z]]$。$F\langle z\rangle$ 为 $F[[z]]$ 的一个子环。

设 c_t 是时刻 $t(t \geqslant 0)$ 在信道 e 上传输的 F 中的标量值。标量值序列 $c_0, c_1, \cdots, c_t, \cdots$ 的简洁数学表示形式是 z-变换 $\sum_{t \geqslant 0} c_t z^t \in F[[z]]$，其中哑元变量 z 的指数 t 表示离散的时刻。于是，在一条时分复用信道上标量值的流水传输就可以被视为一个幂级数在信道上的传输。例如，在图 3.3 的栅格网络中，对于每个 $t \geqslant 0$，信道 (XY,t) 上传输的标量值

① 整环是一个交换环，它具有单位 $1 \neq 0$ 且不包含 0 的除数。参见文献[175]。

可以转换为图 3.2 网络中的信道 XY 上的幂级数：

$$a_0z^2+a_1z^3+(a_2+b_0)z^4+(a_0+a_3+b_1)z^5+(a_1+a_4+b_2)z^6+$$
$$(a_2+a_5+b_0+b_3)z^7+\cdots$$

定义 3.1　单位时延网络中的基域 F 上的 ω 维卷积网络编码包含对网络中每个邻接对(d,e)定义的元素 $k_{d,e}(z)\in F(z)$以及为每条信道 e 定义的 $F\langle z\rangle$上的一个 ω 维列向量 $\boldsymbol{f}_e(z)$，使得

$$\text{对 } e\in \mathrm{Out}(T),\boldsymbol{f}_e(z)=z\sum_{d\in \mathrm{In}(T)}k_{d,e}(z)\boldsymbol{f}_d(z) \tag{3.1}$$

$$\text{所有虚拟信道 } e\in \mathrm{In}(S)\text{的向量 } \boldsymbol{f}_e(z)\text{构成了向量空间 } \boldsymbol{F}^{\omega}\text{ 的标准基。} \tag{3.2}$$

向量 $\boldsymbol{f}_e(z)$称为信道 e 的全局编码核，$k_e(z)$称为邻接对(d,e)的局部编码核。$|\mathrm{In}(T)|\times|\mathrm{Out}(T)|$阶矩阵

$$\boldsymbol{K}_T(z)=[k_{d,e}(z)]_{d\in \mathrm{In}(T),e\in \mathrm{Out}(T)}$$

称为节点 t 的局部编码核。

“卷积网络编码”可以被看作[LYC03]中的一个“时不变线性码多播”(time-invariant linear-code multicast，TILCM)的重新编码。条件(3.1)中的等式可以看作条件(2.3)的时分复用版本，其中等式的因子 z 对应着信道上的 1 个单位时间的时延。换句话说，对于所有的信道 $d\in \mathrm{In}(T)$，计算 $\boldsymbol{f}_e(z)$的滤波器处理函数为 $zk_{d,e}(z)$。记 $\boldsymbol{f}_e(z)=\sum_{t\geqslant 0}\boldsymbol{f}_{e,t}z^t$，且 $k_{d,e}(z)=\sum_{t\geqslant 0}\boldsymbol{k}_{d,e,t}z^t$，其中每个 $\boldsymbol{f}_{e,t}$ 和 $\boldsymbol{k}_{d,e,t}$ 是 F^{ω} 中 ω 维列向量。于是条件(3.1)可以进一步改写为，对于 $t\geqslant 0$，有

$$\boldsymbol{f}_{e,t}=\sum_{d\in \mathrm{In}(T)}\Big(\sum_{0\leqslant u\leqslant t}\boldsymbol{k}_{d,e,u}\boldsymbol{f}_{d,t-1-u}\Big) \tag{3.3}$$

其中，边界条件由条件(3.2)给出：

(1) 对于虚拟信道 e，向量 $\boldsymbol{f}_{e,0}$ 构成了向量空间 $\boldsymbol{F}^{\omega}$ 的标准基。

(2) 对于所有 $t>0$，当 e 是一条虚拟信道时，向量 $\boldsymbol{f}_{e,t}$ 是零向量。

当 $t=0$ 时，条件(3.3)的求和是空，所以 $\boldsymbol{f}_{e,0}$ 为零。通过这些边界条件，全局编码核可以由局部编码核通过条件(3.3)递归计算得到，其中递归过程遵循时间先后顺序。这等价于在无限长的栅格网络上的线性网络编码，其为一个无环网络。

例 3.5　在图 3.2 中，记两条虚拟信道分别为 OS 和 OS'。不妨假设信道 SX 先于 WX，SY 先于 XY。通过对每个节点设置局部编码核，从而指定一种网络卷积码。该码的局部编码核为

$$\boldsymbol{K}_S(z)=\begin{bmatrix}1&0\\0&1\end{bmatrix},\quad \boldsymbol{K}_X(z)=\boldsymbol{K}_Y(z)=\begin{bmatrix}1\\0\end{bmatrix},\quad \boldsymbol{K}_W(z)=[1]$$

并且每条信道的全局编码核为

$$\boldsymbol{f}_{OS}(z)=\begin{bmatrix}1\\0\end{bmatrix},\quad \boldsymbol{f}_{OS'}(z)=\begin{bmatrix}0\\1\end{bmatrix}$$

$$\boldsymbol{f}_{SX}(z)=z\begin{bmatrix}1&0\\0&1\end{bmatrix}\cdot\begin{bmatrix}1\\0\end{bmatrix}=\begin{bmatrix}z\\0\end{bmatrix}$$

$$\boldsymbol{f}_{SY}(z)=z\begin{bmatrix}1&0\\0&1\end{bmatrix}\cdot\begin{bmatrix}0\\1\end{bmatrix}=\begin{bmatrix}0\\z\end{bmatrix}$$

$$\boldsymbol{f}_{XY}(z)=\begin{bmatrix}z^2/(1-z^3)\\z^4/(1-z^3)\end{bmatrix},\quad \boldsymbol{f}_{YW}(z)=\begin{bmatrix}z^3/(1-z^3)\\z^2/(1-z^3)\end{bmatrix}$$

$$\boldsymbol{f}_{WX}(z)=\begin{bmatrix}z^4/(1-z^3)\\z^3/(1-z^3)\end{bmatrix}$$

其中,最后 3 个全局编码核是通过如下等式组求解得到的：

$$\boldsymbol{f}_{XY}(z)=z\,[\boldsymbol{f}_{SX}(z)\boldsymbol{f}_{WX}(z)]\cdot\begin{bmatrix}1\\1\end{bmatrix}=z^2\begin{bmatrix}1\\0\end{bmatrix}+z\boldsymbol{f}_{WZ}(z)$$

$$\boldsymbol{f}_{YW}(z)=z\,[\boldsymbol{f}_{SY}(z)\boldsymbol{f}_{XY}(z)]\cdot\begin{bmatrix}1\\1\end{bmatrix}=z^2\begin{bmatrix}0\\1\end{bmatrix}+z\boldsymbol{f}_{XY}(z)$$

$$\boldsymbol{f}_{WX}(z)=z\cdot(\boldsymbol{f}_{YW}(z))\cdot[1]=z\boldsymbol{f}_{YW}(z)$$

这个二维卷积网络编码的局部和全局编码核如图 3.4 所示。它们对应栅格网络中的二维线性网络编码的编码向量。

用一个 ω 维行向量 $\boldsymbol{x}_t\in\boldsymbol{F}^{\omega}$ 表示信源 S 在时刻 t 产生的消息,其中 $t\geqslant 0$。等价地,信源节点 S 产生的消息流可以用 z-变换表示：

$$\boldsymbol{x}(z)=\sum_{t\geqslant 0}\boldsymbol{x}_t z^t$$

其中,$\boldsymbol{x}(z)$是 $F[[z]]$上的 ω 维行向量。在实际应用中,因为消息传输的长度是有限的,因此 $\boldsymbol{x}(z)$总是一个多项式。通过卷积网络编码,每条信道 e 上传输的幂级数 $\boldsymbol{x}(z)\boldsymbol{f}_e(z)$,表示为

$$\boldsymbol{x}(z)\boldsymbol{f}_e(z)=\sum_{t\geqslant 0}m_{e,t}z^t$$

其中,$m_{e,t}=\sum_{0\leqslant u\leqslant t}\boldsymbol{x}_u\boldsymbol{f}_{e,t-u}$。

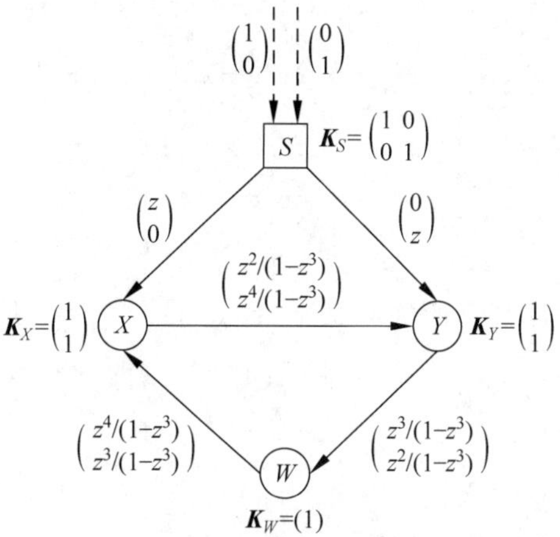

图 3.4　例 3.5 中卷积码的局部和全局编码核

对于 $e\in \mathrm{Out}(T)$，从条件(3.1)中可以得到

$$\boldsymbol{x}(z)\boldsymbol{f}_e(z)=z\sum_{d\in \mathrm{In}(T)}k_{d,e}(z)(\boldsymbol{x}(z)\cdot \boldsymbol{f}_d(z)) \tag{3.4}$$

或在时域中的等式

$$m_{e,t}=\sum_{d\in \mathrm{In}(T)}\Big(\sum_{0\leqslant u<t}\boldsymbol{k}_{d,e,u}m_{d,t-1-u}\Big) \tag{3.5}$$

节点 T 不断接收直到时刻 $t-1$ 为止的输入信道上的信息，并利用这些信道计算每条输出信道 e 在时刻 t 的标量值 $m_{e,t}$。每条输入信道 d 接收到的累计信息包括序列 $m_{d,0},m_{d,1},\cdots,m_{d,t-1}$。卷积式(3.5)能以因果方式用有限移位寄存器电路实现，这是因为局部编码核属于 F 上的有理幂级数环(参考定义 3.1)$F\langle z\rangle$。

例 3.6　考虑例 3.5 中的卷积网络编码，设信源节点 S 生成一系列信息

$$\boldsymbol{x}(z)=\Big[\sum_{t\geqslant 0}a_t z^t\ \sum_{t\geqslant 0}b_t z^t\Big]$$

那么 5 条信道分别传输以下幂级数：

$$\boldsymbol{x}(z)\cdot \boldsymbol{f}_{SX}(z)=\sum_{t\geqslant 0}a_t z^{t+1}$$

$$\boldsymbol{x}(z)\cdot \boldsymbol{f}_{SY}(z)=\sum_{t\geqslant 0}b_t z^{t+1}$$

$$\begin{aligned}\boldsymbol{x}(z)\cdot \boldsymbol{f}_{XY}(z)&=\Big(\sum_{t\geqslant 0}a_t z^{t+2}+\sum_{t\geqslant 0}b_t z^{t+4}\Big)/(1-z^3)\\&=\Big(\sum_{t\geqslant 0}a_t z^{t+2}+\sum_{t\geqslant 0}b_t z^{t+4}\Big)\sum_{t\geqslant 0}z^{3t}\end{aligned}$$

$$=a_0z^2+a_1z^3+(a_2+b_0)z^4+(a_0+a_3+b_1)z^5+$$
$$(a_1+a_4+b_2)z^6+(a_2+a_5+b_0+b_3)z^7+\cdots$$

$$\boldsymbol{x}(z)\cdot\boldsymbol{f}_{YW}(z)=\Big(\sum_{t\geqslant 0}a_tz^{t+3}+\sum_{t\geqslant 0}b_tz^{t+2}\Big)/(1-z^3)$$

$$\boldsymbol{x}(z)\cdot\boldsymbol{f}_{WX}(z)=\Big(\sum_{t\geqslant 0}a_tz^{t+4}+\sum_{t\geqslant 0}b_tz^{t+3}\Big)/(1-z^3)$$

在每个时刻 $t\geqslant 0$,信源节点产生消息 $\boldsymbol{x}_t=[a_t,b_t]$。所以信道 SX 在时刻 0 传输标量 0,在时刻 $t>0$ 传输标量 a_{t-1}。类似地,信道 SY 在时刻 0 传输标量 0,在时刻 $t>0$ 传输标量 b_{t-1}。对于每条信道 e,有

$$\Big(\sum_{t\geqslant 0}\boldsymbol{x}_tz^t\Big)\cdot\boldsymbol{f}_e(z)=\sum_{t\geqslant 0}m_{e,t}z^t$$

节点 X 的实际编码顺序如下所述。在时刻 t,对于信道 $d=SX$ 和信道 $d=WX$,节点 X 已经接收到了序列 $m_{d,0},m_{d,1},\cdots,m_{d,t-1}$。于是,在时刻 $t>0$,信道 XY 发送的标量

$$m_{XY,t}=\sum_{0\leqslant u<t}k_{SX,XY,u}m_{SX,t-1-u}+\sum_{0\leqslant u<t}k_{WX,XY,u}m_{WX,t-1-u}$$
$$=m_{SX,t-1}+m_{WX,t-1}$$

其中,当 $t<0$ 时,对于所有信道 e,边界条件为 $m_{e,t}=0$。类似地,对 $t\geqslant 0$,有

$$m_{YW,t}=m_{SY,t-1}+m_{XY,t-1}$$

和

$$m_{WX,t}=m_{YW,t-1}$$

$m_{XY,t}$、$m_{YW,t}$ 和 $m_{WX,t}$($t=0,1,2,3,\cdots$)可以通过上面的公式递归计算,其中边界条件为 $m_{XY,0}=m_{YW,0}=m_{WX,0}=0$。其中对于较小的 t,这些值在图 3.3 上的栅格网络中给出。例如,信道 XY 传输的标量值

$$m_{XY,0}=0,\quad m_{XY,1}=0,\quad m_{XY,2}=a_0,\quad m_{XY,3}=a_1$$
$$m_{XY,4}=a_2+b_0,\quad m_{XY,5}=a_0+a_3+b_1,\cdots$$

这个序列的 z-变换为

$$\boldsymbol{x}(z)\cdot\boldsymbol{f}_{XY}(z)=\Big(\sum_{t\geqslant 0}a_tz^{t+2}+\sum_{t\geqslant 0}b_tz^{t+4}\Big)/(1-z^3)$$

例 3.6 中的编码公式十分简单,并且式(3.5)中卷积的计算也并不复杂。因为所有的局部编码核都是标量,因此在节点处的编码器并不需要之前节点接收到的消息。然而,标量的局部编码核对接收节点的解码过程并没有类似的优势。这一点将会在例 3.7 中进行进一步的讨论。

例 3.7 图 3.5 为在相同的有环网络上的另一种二维卷积网络编码。卷积网络码的显著特征是每个信道的全局编码核的每个分量都是 z 的指数幂。这种简单性使得每个接收节点几乎都没有解码。另一方面，在这种情况下，节点处的编码器只比前面的例子稍微复杂一些。因此，在编码和解码的总复杂度方面，本例中的卷积网络编码更理想。

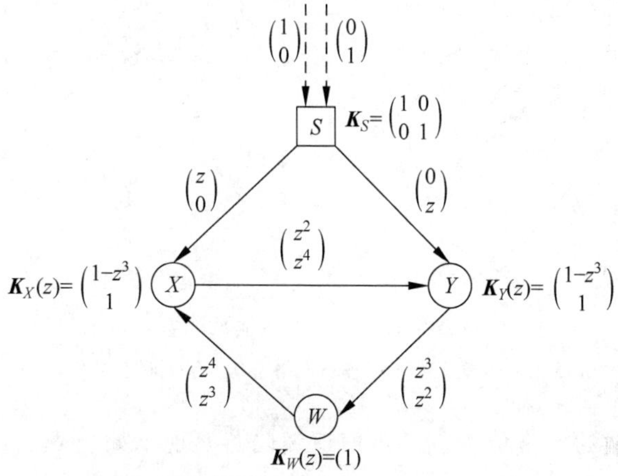

图 3.5 有向环中的卷积网络编码，其中全局编码核均为 z 的指数幂

在每个时刻 $t\geqslant 0$，信源节点产生消息 $\boldsymbol{x}_t=[a_t,b_t]$。所以信道 SX 在时刻 0 传输标量 0，在时刻 $t>0$ 传输标量 a_{t-1}。类似地，信道 SY 在时刻 0 传输标量 0，在时刻 $t>0$ 传输标量 b_{t-1}。对于每条信道 e，有

$$\Big(\sum_{t\geqslant 0}\boldsymbol{x}_t z^t\Big)\cdot \boldsymbol{f}_e(z)=\sum_{t\geqslant 0}m_{e,t}z^t$$

在时刻 $t-1$ 结束后，对 $d=SX$ 和 $d=WX$，节点 X 已经接收到序列 $m_{d,0},m_{d,1},\cdots,m_{d,t-1}$。于是，在时刻 $t>0$，信道 XY 传输的值为

$$m_{XY,t}=\sum_{0\leqslant u<t}k_{SX,XY,u}m_{SX,t-1-u}+\sum_{0\leqslant u<t}k_{WX,XY,u}m_{WX,t-1-u}$$

在这种情况下，对于所有 $u>0$，有 $k_{SX,XY,0}=k_{WX,XY,0}=1,k_{WX,XY,u}=0$，对于所有 $u\neq 0$ 或 $u\neq 3$，有 $k_{SX,XY,3}=-1,k_{SX,XY,u}=0$。因此，当 $t<0$ 时，对于所有信道 e，边界条件为 $m_{e,t}=0$，有

$$m_{XY,t}=m_{SX,t-1}-m_{SX,t-4}+m_{WX,t-1}$$

类似地，有

$$m_{YW,t}=m_{SY,t-1}-m_{SY,t-4}+m_{XY,t-1}$$

和

$$m_{WX,t}=m_{YW,t-1}$$

$m_{XY,t}$、$m_{YW,t}$ 和 $m_{WX,t}(t=0,1,2,3,\cdots)$ 可以通过上面的公式递归计算，对于较小的

t,这些值在图 3.6 上的栅格网络中给出。

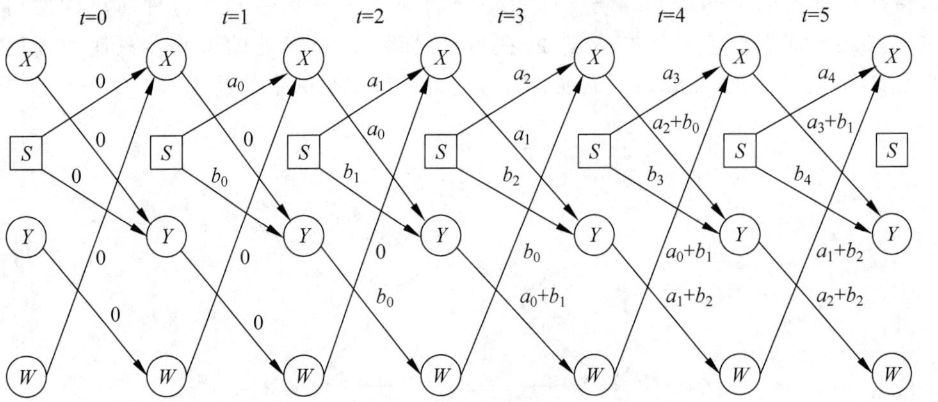

图 3.6　在有环网络上,利用线性网络编码进行消息传输意味着在每个信道上对符号按序进行处理

时空域中的传输介质是一个无限延伸的“栅格网络”,其中每个信道在每个时隙都携带标量值

以信道 XY 传输的标量值为例。该信道编码器实现了如下算法:

$$\begin{aligned} m_{XY,t} &= m_{SX,t-1} - m_{SX,t-4} + m_{WX,t-1} \\ &= a_{t-2} - a_{t-5} + (a_{t-5} + b_{t-4}) \\ &= a_{t-2} + b_{t-4} \end{aligned}$$

其中,包含局部编码核 $k_{SX,XY}(z)$ 和 $k_{WX,XY}(z)$。这仅需要简单的如图 3.7 所示的电路即可实现,其中“z”表示单位时延。

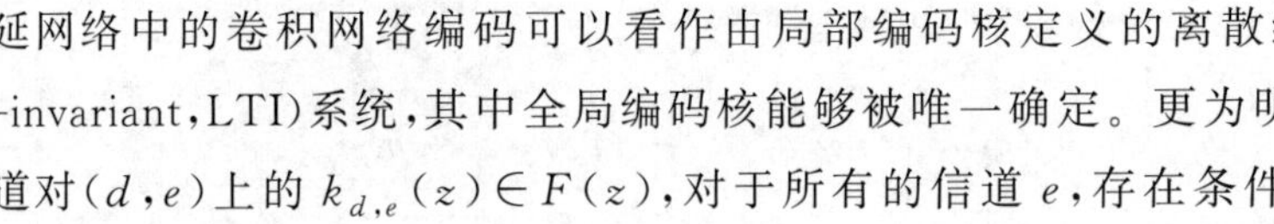

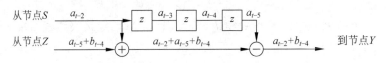

图 3.7　卷积网络编码(图 3.5)在节点 X 编码电路

z 为单位时间延迟

单位时延网络中的卷积网络编码可以看作由局部编码核定义的离散线性时不变(linear time-invariant,LTI)系统,其中全局编码核能够被唯一确定。更为明确地,给定所有邻接信道对(d,e)上的 $k_{d,e}(z) \in F(z)$,对于所有的信道 e,存在条件(3.1)和条件(3.2)的唯一的解 $\boldsymbol{f}_e(z)$。下面的定理进一步给出了 $\boldsymbol{f}_e(z)$的一个简单的闭合形式的公式,并证明了正如关于卷积网络编码定义 3.1 要求的那样,$\boldsymbol{f}_e(z)$中的分量属于 $F(z)$,即 $\boldsymbol{f}_e(z)$为一个幂级数。

定理 3.1　设 F 为基域,ω 为正整数。假设对于单位时延网络中的每个邻接信道对

(d,e)的 $k_{d,e}(z)\in F(z)$都已给定。则存在 F 上唯一的 ω 维卷积网络编码,以每一(d,e)的 $k_{d,e}(z)$作为局部编码核。

证明:设 N 为网络中的信道数,其中不包括 In(S)中的虚拟信道。给定每个信道 e 的 ω 维向量 $\boldsymbol{g}_e(z)$,将 $\boldsymbol{g}_e(z)$并列得到 $\omega\times N$ 的矩阵,记为$[\boldsymbol{g}_e(z)]$。令 $\boldsymbol{H}_S(z)$为 $\omega\times N$ 的矩阵$[\boldsymbol{g}_e(z)]$使得当 $e\in \mathrm{Out}(S)$时,$\boldsymbol{g}_e(z)$由所有虚拟信道 d 的 $k_{d,e}(z)$组成,否则 $\boldsymbol{g}_e(z)$为零向量。换句话说,$\boldsymbol{H}_S(z)$为在节点 S 中局部编码核 $\boldsymbol{K}_S(z)$后添加 $N-|\mathrm{Out}(S)|$ 个零向量得到的 $\omega\times|\mathrm{Out}(S)|$阶矩阵。

令$[k_{d,e}(z)]$为 $N\times N$ 维的矩阵,其中该矩阵的行和列通过信道进行索引,并且当(d,e)为邻接对时,矩阵的第(d,e)项等价于给定的 $k_{d,e}(z)$,否则为 0。为了得到以 $k_{d,e}(z)$ 为局部编码核的,在基域 F 上的 ω 维的卷积网络编码,其全局编码核 $\boldsymbol{f}_e(z)$必须满足条件(3.1)和条件(3.2)的要求,可以写为

$$[\boldsymbol{f}_e(z)]=z[\boldsymbol{f}_e(z)]\cdot[k_{d,e}(z)]+z\boldsymbol{H}_S(z)$$

等价于

$$[\boldsymbol{f}_e(z)]\cdot(\boldsymbol{I}_N-z[k_{d,e}(z)])=z\boldsymbol{H}_S(z) \tag{3.6}$$

其中,$\boldsymbol{I}_N$ 为 $N\times N$ 阶单位矩阵。显然,$\det(\boldsymbol{I}_N-z[k_{d,e}(z)])$有形式 $1+zq(z)$,其中 $q(z)\in F\langle z\rangle$。因此,$\det(\boldsymbol{I}_N-z[k_{d,e}(z)])$在 $F\langle z\rangle$中是可逆的。式(3.6)中关于$[\boldsymbol{f}_e(z)]$的唯一解可以表示为

$$[\boldsymbol{f}_e(z)]=z\det(\boldsymbol{I}_N-z[k_{d,e}(z)])^{-1}\boldsymbol{H}_S(z)\cdot\boldsymbol{A}(z) \tag{3.7}$$

其中,$\boldsymbol{A}(z)$为矩阵 $\boldsymbol{I}_N-z[k_{d,e}(z)]$的伴随矩阵。因此,$[\boldsymbol{f}_e(z)]$是 $F\langle z\rangle$上的矩阵。因为有表示局部编码核的两个矩阵$[k_{d,e}(z)]$、$\boldsymbol{H}_S(z)$和表示全局编码核的矩阵$[\boldsymbol{f}_e(z)]$,因此式(3.7)是用局部编码核表示全局编码核的完全形式的表达式。 □

因此,定义 3.1 可以被视为单位时延上的卷积网络编码的全局描述,并且定理 3.1 提出了一种只需要指定局部编码核的局部描述方式。

3.3 卷积网络编码的译码

同 3.2 节的线性广播相比较,本节定义了在单位时延有环网络上的卷积广播。另外,卷积多播的存在性也将被讨论。

定义 3.2 在基域 F 中的单位时延网络的 ω 维 F 值卷积网络编码上,设 $\boldsymbol{f}_e(z)$为每

条信道 e 上的全局编码核。对于每个节点 T，令$[\boldsymbol{f}_e(z)]_{e\in \mathrm{In}(T)}$为 $\omega\times|\mathrm{In}(T)|$阶矩阵，其可将全局编码核$[\boldsymbol{f}_e(z)]$，$e\in \mathrm{In}(T)$并列而得到。卷积网络编码等价于 ω 维的卷积多播，如果：

对于每个满足 $\mathrm{maxflow}(T)\geqslant\omega$ 条件的非源节点 T，存在一个 $F\langle z\rangle$上的$|\mathrm{In}(T)|\times\omega$ 阶矩阵 $\boldsymbol{D}_T(z)$和正整数 τ 使得$[\boldsymbol{f}_e(z)]_{e\in \mathrm{In}(T)}\cdot\boldsymbol{D}_T(z)=z^{\tau}\boldsymbol{I}_{\omega}$，其中 τ 依赖节点 T，并且 $\boldsymbol{I}_{\omega}$ 是 $\omega\times\omega$ 阶单位矩阵。 (3.8)

矩阵 $\boldsymbol{D}_T(z)$称为节点 T 的译码核和节点 T 的译码时延。

令信源 S 产生消息流$\boldsymbol{x}(z)=\sum\limits_{t\geqslant 0}\boldsymbol{x}_t z^t$，其中 $\boldsymbol{x}_t$ 为 $\boldsymbol{F}^{\omega}$ 中的 ω 维行向量，并且 $\boldsymbol{x}(z)$是 $F[[z]]$上的 ω 维行向量。通过卷积网络编码，信道 e 携带传输幂级数 $\boldsymbol{x}(z)\cdot\boldsymbol{f}_e(z)$。节点 T 从输入信道 $e\in \mathrm{In}(T)$上接收的幂级数 $\boldsymbol{x}(z)\cdot\boldsymbol{f}_e(z)$构成了 $F[[z]]$上的$|\mathrm{In}(T)|$维行向量 $\boldsymbol{x}(z)\cdot[\boldsymbol{f}_e(z)]_{e\in \mathrm{In}(T)}$。如果卷积网络编码是卷积多播，节点 T 可以用译码矩阵 $\boldsymbol{D}_T(z)$计算：

$$(\boldsymbol{x}(z)\cdot[\boldsymbol{f}_e(z)]_{e\in \mathrm{In}(T)})\cdot\boldsymbol{D}_T(z)=\boldsymbol{x}(z)\cdot([\boldsymbol{f}_e(z)]_{e\in \mathrm{In}(T)}\cdot\boldsymbol{D}_T(z))=z^{\tau}\boldsymbol{x}(z)$$

幂级数的 ω 维行向量 $z^{\tau}\boldsymbol{x}(z)$表示时延为 τ 个单位时，信源 S 产生的消息流。因为消息序列 $\boldsymbol{x}(z)$的产生在信源节点 S 处时延 1 个时间单位，所以有 $\tau>0$。

以上讨论可以由例 3.8 和例 3.9 说明，其中令信源节点 S 产生的消息流为

$$\boldsymbol{x}(z)=\left[\sum_{t\geqslant 0}a_t z^t\ \sum_{t\geqslant 0}b_t z^t\right]$$

例 3.8 考虑图 3.4 中网络的节点 X，有

$$[\boldsymbol{f}_e(z)]_{e\in \mathrm{In}(X)}=\begin{bmatrix} z & z^4/(1-z^3) \\ 0 & z^3/(1-z^3)\end{bmatrix}$$

令

$$\boldsymbol{D}_X(z)=\begin{bmatrix} z^2 & -z^3 \\ 0 & 1-z^3\end{bmatrix}$$

从而

$$[\boldsymbol{f}_e(z)]_{e\in \mathrm{In}(X)}\cdot\boldsymbol{D}_T(z)=z^3 I_2$$

其中，$\boldsymbol{I}_2$ 为 2×2 阶单位矩阵。从信道 SX 和 WX 处，节点 X 接收了行向量

$$\boldsymbol{x}(z)\cdot[\boldsymbol{f}_e(z)]_{e\in \mathrm{In}(X)}=\left[\sum_{t\geqslant 0}a_t z^{t+1}\ \sum_{t\geqslant 0}\frac{a_t z^{t+4}+b_t z^{t+3}}{1-z^3}\right]$$

并且译出消息流

$$z^3\boldsymbol{x}(z)=\left[\sum_{t\geqslant 0}a_t z^{t+1}\sum_{t\geqslant 0}\frac{a_t z^{t+4}+b_t z^{t+3}}{1-z^3}\right]\cdot\begin{bmatrix}z^2 & -z^3\\0 & 1-z^3\end{bmatrix}$$

节点 Y 处的译码也是类似的，因此二维卷积网络编码是卷积多播。

例 3.9 图 3.5 中的二维卷积网络编码也是卷积多播。以节点 X 的解码为例，有

$$[\boldsymbol{f}_e(z)]_{e\in \mathrm{In}(X)}=\begin{bmatrix}z & z^4\\0 & z^3\end{bmatrix}$$

令

$$\boldsymbol{D}_X(z)=\begin{bmatrix}z^2 & -z^3\\0 & 1\end{bmatrix}$$

从而

$$[\boldsymbol{f}_e(z)]_{e\in \mathrm{In}(X)}\cdot\boldsymbol{D}_X(z)=z^3\boldsymbol{I}_2$$

节点 X 从信道 SX 和 WX 处接收了行向量 $\boldsymbol{x}(z)\cdot[\boldsymbol{f}_e(z)]_{e\in \mathrm{In}(X)}$，并且译出消息流

$$\begin{aligned}z^3\boldsymbol{x}(z)&=\boldsymbol{x}(z)\cdot[\boldsymbol{f}_e(z)]_{e\in \mathrm{In}(X)}\cdot\begin{bmatrix}z^2 & -z^3\\0 & 1\end{bmatrix}\\&=\left[\sum_{t\geqslant 0}a_t z^{t+1}\sum_{t\geqslant 0}a_t z^{t+4}+b_t z^{t+3}\right]\cdot\begin{bmatrix}z^2 & -z^3\\0 & 1\end{bmatrix}\end{aligned}$$

在已经构造了卷积多播后，很自然地需要关注其存在性。通过证明卷积码多播的存在性，首先观察引理 2.1，其可以通过引理 3.1 得到加强，而它的证明基本上不用改动。

引理 3.1 设 $g(y_1,y_2,\cdots,y_m)$ 为一非零多项式，其系数是域 G 上的元素。对于任意 G 的子集 E，如果 $|E|$ 大于所有 y_i 中 g 的次数，则存在 $a_1,a_2,\cdots,a_m\in E$ 使得 $g(a_1,a_2,\cdots,a_m)\neq 0$。假设 E 是有限的，那么可以通过在 E 上的穷举搜索找到 $a_1,a_2,\cdots,a_m$。如果 E 是无限的，那么只需要用 E 的一个充分大的子集替换 E 即可。

定理 3.2 对于单位时延网络，在任意有限域 F 上，对于正整数 ω，都存在基域 F 上的 ω 维卷积多播。进一步地，如果 E 是 $F\langle z\rangle$ 的一个充分大的子集，这个卷积多播的局部编码核可以在 $F\langle z\rangle$ 的任意充分大的子集 E 中选取。

证明：由定理 3.1 可知，在单位时延网络上，一组任意给定的局部编码核唯一确定一组卷积网络编码。遵循这一定理的证明，通过式(3.7)计算了与给定的局部编码核 $k_{d,e}(z)\in F\langle z\rangle$ 相伴的全局编码核 $\boldsymbol{f}_e(z)$。本书将证明当 $k_{d,e}(z)$ 被赋予特定的值后，全局编码核 $\boldsymbol{f}_e(z)$ 将满足式(3.8)卷积多播的要求。

式(3.7)可以改写为

$$\det(\boldsymbol{I}_n - z[k_{d,e}(z)])[\boldsymbol{f}_e(z)] = z\boldsymbol{H}_S(z)\cdot \boldsymbol{A}(z) \tag{3.9}$$

局部编码核 $k_{d,e}(z)$ 可以改写为不定式 $\sum_T |\mathrm{In}(T)|\cdot|\mathrm{Out}(T)|$。因此，$\omega\times N$ 矩阵 $z\boldsymbol{H}_S(z)\cdot\boldsymbol{A}(z)$ 中的所有元素以及 $\det(\boldsymbol{I}_n - z[k_{d,e}(z)])$ 都是未定元的 $F\langle z\rangle$ 上的多项式。

设 T 为满足 $\mathrm{maxflow}(\omega)\geqslant\omega$ 的非源节点，则存在 ω 条边不相交路径，分别为 ω 条虚拟信道到 $\mathrm{In}(T)$ 中的 ω 条不同的信道。将这 ω 条信道的全局编码核并列成一个 $(F\langle z\rangle)[*]$ 上的 $\omega\times\omega$ 阶矩阵 $\boldsymbol{L}_t(z)$。有

$$\det(\boldsymbol{L}_T(z)) \neq 0 \in (F\langle z\rangle)[*] \tag{3.10}$$

为了证明式(3.10)，只需证明当所有的 $k_{d,e}(z)$ 被赋予了某个特殊值后，$\det(\boldsymbol{L}_T(z))\neq 0\in F\langle z\rangle$。类比引理 2.3 的同等证明，对于 ω 条边不相交路径中任意一条路径上的邻接信道对 (d,e)，令 $k_{d,e}(z)=1$，否则令 $k_{d,e}(z)=0$。通过对列的适当编号，矩阵 $\boldsymbol{L}_t(z)$ 变成对角矩阵，并且对角线上的元素都是 z 的幂的形式。因此 $\det(\boldsymbol{L}_t(z))$ 等于 z 的某个正数幂，所以得证。

由于式(3.10)可以应用到所有满足 $\mathrm{maxflow}(\omega)\geqslant\omega$ 的非源节点 T 上，从而有

$$\prod_{T:\mathrm{maxflow}(T)\geqslant\omega} \det(\boldsymbol{L}_T(z)) \neq 0 \in (F\langle z\rangle)[*] \tag{3.11}$$

将引理 3.1 应用到 $G=F\langle z\rangle$ 上，其中 $F\langle z\rangle$ 为有限域 F 上的有理函数的常规记号。本书为每个未定元 $k_{d,e}(z)$ 选择 $a_{d,e}(z)\in E\subset F\langle z\rangle\subset F(z)$，使得当对所有的信道对 (d,e) 有 $k_{d,e}(z)=a_{d,e}(z)$ 时，有

$$\prod_{T:\mathrm{maxflow}(T)\geqslant\omega} \det(\boldsymbol{L}_T(z)) \neq 0 \in (F\langle z\rangle)[*] \tag{3.12}$$

由于整数域 $F\langle z\rangle$ 是无限的，式(3.12)特别适用 $E=F\langle z\rangle$ 的情况。

进而，为上述指定的所有 (d,e) 选择合适的 $a_{d,e}(z)$ 后，局部编码核 $k_{d,e}(z)$ 将会被固定。定义 $\boldsymbol{J}_T(z)$ 为 $\boldsymbol{L}_T(z)$ 的邻接矩阵。在不失一般性的条件下，假设 $\boldsymbol{L}_T(z)$ 包含了 $[\boldsymbol{f}_e(z)]_{e\in\mathrm{In}(X)}$ 的前 ω 列。根据式(3.12)，$\boldsymbol{L}_T(z)$ 为 $F\langle z\rangle$ 上的非奇异矩阵。因此，可以得到

$$\det(\boldsymbol{L}_T(z)) = z^{\tau}(1+zq(z))/p(z)$$

其中，τ 为正整数，$p(z)$ 和 $q(z)$ 为 F 上的多项式。取 $\omega\times\omega$ 阶矩阵 $[p(z)/(1+zq(z))]\cdot\boldsymbol{J}_T(z)$，并向其加入 $|\mathrm{In}(T)|-\omega$ 行零向量形成一个 $|\mathrm{In}(T)|\times\omega$ 阶矩阵 $\boldsymbol{D}_T(z)$，从而

$$[\boldsymbol{f}_e(z)]_{e\in\mathrm{In}(T)}\cdot\boldsymbol{D}_T(z) = [p(z)/(1+zq(z))]\boldsymbol{L}_T(z)\cdot\boldsymbol{J}_T(z)$$

$$=[p(z)/(1+zq(z))]\det(\boldsymbol{L}_T(z))\boldsymbol{I}_\omega$$

$$=z^\tau\boldsymbol{I}_\omega$$

其中，$\boldsymbol{I}_\omega$ 为 $\omega\times\omega$ 阶单位矩阵。因此，矩阵 $\boldsymbol{D}_T(z)$ 满足式(3.8)卷积多播的要求。　□

当有限域 F 充分大时，可以对 $E=F$ 用定理 3.2 使卷积多播的局部编码核可以被选为某个标量。这种特例是引理 2.3 中阐述无环网络中线性多播存在性的对应卷积版本。在这种情况下，可以通过在 F 上穷举搜索找到局部编码核。这个结果首先在文献[184]中得到证明。

进一步推广，根据引理 3.1，对足够大的 $F\langle z\rangle$ 的子集 E 也可以使用相同的穷举搜索方法。例如，F 可以是 $GF(2)$ 并且 E 可以是次数充分大的所有二元多项式集合。在二元有理幂级数的整数域上，卷积多播更明确和充分的构造见文献[171]、[172]和[174]。

第 4 章

网络编码和代数编码

代数编码理论使用代数工具处理纠错和擦除信道代码的设计,以便在嘈杂的信道之间可靠地传输信息。正如在本节中,网络编码理论与代数编码理论之间有很多关系,实际上,代数编码可以看作网络编码的一个实例。对于代数编码理论的综合处理,请读者参考文献[161]、[162]、[190]和[205]。

4.1 组合网络

考虑一个经典(n,k)线性分组码,其生成矩阵 $\boldsymbol{G}$ 是在一些基域 F 上的 $k\times n$ 矩阵。正如在定义 2.4 之后的注释中,全局编码核类似经典线性分组码的生成矩阵的列。因此,很自然地在图 4.1 中将(n,k)线性分组码表示为线性网络编码。在该网络中,信源节点 S 通过信道与 n 个非源节点分别进行连接。本节将假设在信源节点处有 k 个虚拟信道,即网络的维度是 k。线性网络编码通过 $\mathrm{Out}(S)$中 n 个边的全局编码核来生成矩阵 $\boldsymbol{G}$ 的列,或者等效地,通过信源节点 S 的局部编码核 K_S 来等效生成矩阵 $\boldsymbol{G}$。传统上,生成矩阵 $\boldsymbol{G}$ 的列以"时间"为索引。但是,在网络编码形式中,它们以"空间"为索引。显而易见,图 4.1 中的非信源节点接收到的符号构成了经典线性分组码的码字。

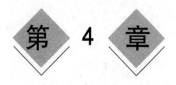

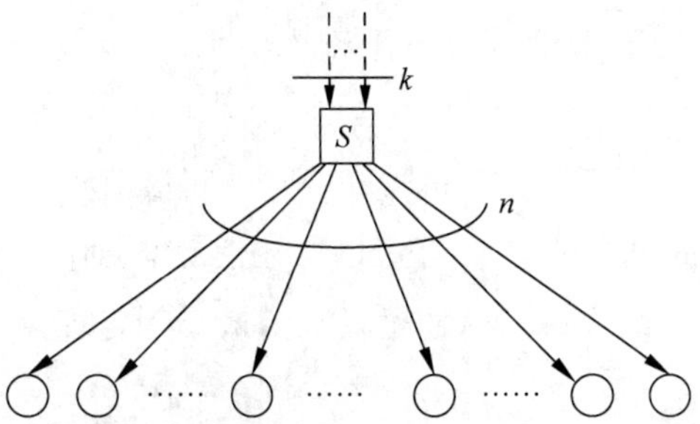

图 4.1 经典线性分组码的网络结构

以上内容只是描述经典线性分组码的另一种方式。为了进一步了解网络编码和代数编码之间的关系,本书考虑图 4.2 中的网络,它是图 4.1 中网络的扩展。在此网络中,最上面的两层与图 4.1 中的网络完全相同。底层由$\binom{n}{r}$个节点组成,每个节点都连接到中间层上 r 个节点的不同子集,称此网络为$\binom{n}{r}$组合网络,或简称$\binom{n}{r}$网络,其中 $1\leqslant r\leqslant n$。

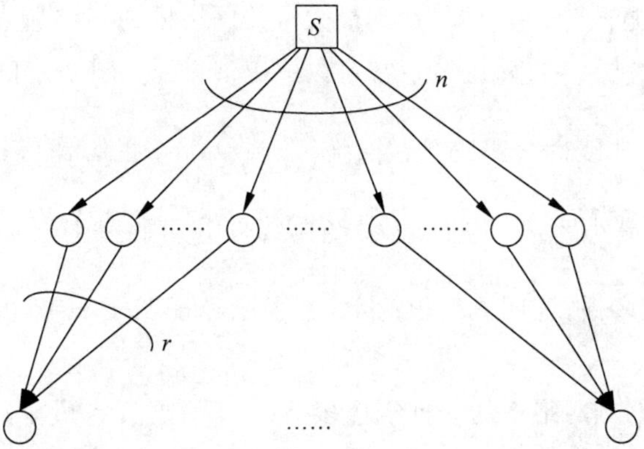

图 4.2 $\binom{n}{r}$组合网络示例

4.2 辛格尔顿界和 MDS 码

考虑经典(n,k)线性分组码,具有最小距离 d,并将其视为$\binom{n}{n-d+1}$网络上的线性网络编码。在该网络中,第一层和第二层之间信道的全局编码核的分配与图 4.1 中的相同。对于中间层的每个节点，由于只有一个输入信道，因此不失一般性地假设所有输出信道均与输入信道相同。

由于(n,k)码具有最小距离d，因此通过访问中间层节点的$n-d+1$个节点的子集(对应$d-1$擦除)，底层的每个节点T都可以对在信源节点唯一生成的消息$\boldsymbol{x}$进行解码，其中$\boldsymbol{x}$由F中的k个符号组成。然后通过最大流最小割定理：

$$\text{maxflow}(T) \geqslant k \tag{4.1}$$

由于

$$\text{maxflow}(T) = n - d + 1$$

遵循

$$k \leqslant n - d + 1$$

或者

$$d \leqslant n - k + 1 \tag{4.2}$$

恰好是经典线性分组码的辛格尔顿(Singleton)界[202]。因此，Singleton 界是最大流最小割的特例。此外，通过式(4.1)可知，达到最大流的网络中的非源节点至少等于k，其中k仅仅是底层的所有节点，并且每个节点都可以解码消息$\boldsymbol{x}$。因此，可以得出结论：具有最小距离d的(n,k)经典线性分组码是在网络$\binom{n}{n-d+1}$上的k维线性多播。

更一般地，具有最小距离d的(n,k)经典线性分组码是对于所有$r \geqslant n-d+1$的$\binom{n}{r}$网络的k维线性多播，证明方法很简单(本书已经证明了$r=n-d+1$的情况)。另一方面，很容易看出$\binom{n}{r}$网络上的k维线性多播($r \geqslant k$)是具有最小距离d的(n,k)经典线性分组码，因此

$$d \geqslant n - r + 1$$

在经典线性分组码中，实现了 Singleton 界的线性码称为极大距离可分码(maximum distance separation，MDS)[202]。根据上述情况，Singleton 界是最大流最小割定理的特例。由于线性多播、广播或离散在不同程度上实现了最大流最小割定理的边界，因此它们都可以视为 MDS 码的一般网络形式。在更一般的网络编码范例中，MDS 码分别对应线性多播、线性广播、线性扩散和通用线性网络编码，它们将在第二部分进行详细的讨论。

4.3　网络纠删/差错检测和纠正

考虑图 4.3 中的网络，该网络是点对点通信系统的基本组成部分。在节点 S 处生成 k 个符号消息，并将通过 n 个信道（其中 $n \geqslant k$）传输到节点 T。为了使该网络上的线性网络编码可被当作静态线性多播，如果删除的信道数不超过（$n-k$）个（因此 maxflow（T）$\geqslant k$），则消息 x 可以在节点 T 处解码。等效地，该网络上的静态线性多播相当于可以纠正（$n-k$）删除的经典（n，k）线性分组码。因此，静态线性多播可以看作经典纠删码的一般网络形式。

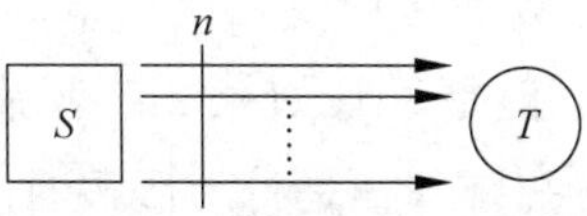

图 4.3　一种典型的点对点通信系统

显然，图 4.2 中网络上的线性多播是图 4.3 中网络上的静态线性多播，反之亦然。最小距离为（$n-k+1$）的（n，k）MDS 码可以纠正多达（$n-k$）个删除。因此很容易看出（n，k）MDS 代码是图 4.3 中网络上的静态线性多播。因此，静态线性多播也可以被视为 MDS 码的一般网络形式。

静态线性多播、广播或扩散是一种用于点对点网络中的纠删的网络编码。同样地，网络编码也可以设计用于错误检测或错误更正。对于前者，文献[180]研究了在鲁棒的网络通信中使用随机错误检测码。对于后者，汉明（Hammining）界的网络一般化，辛格尔顿（Singleton）界和经典纠错码 GV（Gilbert-Varshamov）界已在文献[164]、[165]和[210]中得到了证明。文献[213]中研究了网络纠错码的构造和一些基本性质。

4.4　进一步展望

MDS 代码的一个主要例子是 R-S（Reed-Solomon）编码[198]。Reed-Solomon 编码的构造基于范德蒙（Vandermonde）矩阵，其形式如下：

$$\begin{bmatrix} 1 & 1 & \cdots & 1 \\ \alpha_1 & \alpha_2 & \cdots & \alpha_k \\ \alpha_1^2 & \alpha_2^2 & \cdots & \alpha_k^2 \\ \vdots & \vdots & \ddots & \vdots \\ \alpha_1^{k-1} & \alpha_2^{k-1} & \cdots & \alpha_k^{k-1} \end{bmatrix}$$

其中,$k\geqslant 1$ 且 $k\geqslant \alpha_i$,$1\leqslant i\leqslant k$ 是某基域 F 中的不同元素(在这里,F 被视为一个有限域)。在代数编码中,范德蒙矩阵的最基本性质是:①每列具有完全相同的形式,并能由一个有限域内元素参数化;②其行列式始终非零。通过将不同域元素参数化成相同形式的列附加到 Vandermonde 矩阵上,可以获得 Reed-Solomon 码的生成矩阵。

线性多播、线性广播、线性扩散和通用线性网络编码的构造可以视为 Vandermonde 矩阵所呈现的矩阵构造的扩展。但是尽管如 4.2 节所述,这些网络编码的结构是确定的,它们却并不像 Vandermonde 矩阵那样是封闭形式的。

喷泉码[163,193]是一类随机生成的无码率纠删码,正逐步应用于可靠网络通信。它们保证了接近最佳的带宽消耗以及高概率的有效解码。在文献[176]、[191]和[192]中讨论的随机线性网络编码可以被视为一种喷泉码的概括,只是对于这种码不存在非常有效的解码算法。这些编码与喷泉码之间的主要区别在于,喷泉码只能在源节点上进行编码,而网络编码可以在网络中的每个节点上进行编码①。

① 在喷泉码的设置中,信源节点和信宿节点之间的网络设置一般被建模为经典的点对点通信系统,如图 4.3 所示。

第二部分

多　源

第 5 章

重叠编码与最大流界

本教程的第一部分已经讨论了代数设置中的单源网络编码问题。假设网络中的每个通信信道有容量上限。信息能以多播传播的最大速率被网络中的最大流简单地表示出来。在第二部分，本书将考虑更一般的多源网络编码问题，其中多个相互独立的信息源在可能的不同节点处生成。本书继续假设网络中的通信信道是无差错的。

多源网络编码问题可达到的信息速率区域将在 5.6 节中正式定义，其表示在网络上多个信息源可以同时多播的所有可能速率元组的集合。在单源网络编码问题中，主要目标是描述信息能够从源节点组播到所有接收节点的最大速率。在多源网络编码问题中，本书关注的是描述可实现的信息速率区域。

多源网络编码不是单源网络编码的简单扩展，本章的其余部分将讨论多源网络编码的两个特性，这两个特性将多源网络编码与单源网络编码区分开。在所有的例子中，信息单位是比特(bit)。

节点在第一部分中用大写字母标注。在第二部分中，由于保留了随机变量的字母，节点将用小写字母标记。

5.1 重叠编码

首先回顾图 1.2(b)中的网络,它以略微不同的方式重现在图 5.1 中。此处假设每个信道有单位容量。对于 $i=1,2$,源节点 i 生成一个比特 b_i 发送到节点 t_i。在例 1.3 中已经表明,为了使节点 t_1 和 t_2 交换两个比特 b_1 和 b_2,必须在节点 u 处执行网络编码。这个例子实际上有一个非常有趣的含义,想象一下,在互联网上,在两个不同的地点产生一个英文信息和一个中文信息,这两个消息将在网络中从一个点传输到另一个点,可以假设这两个消息之间没有相关性。这个例子表明,为了实现带宽最优,可能必须对网络中的两个消息执行联合编码!

本书将单独信息源编码的方法称为叠加编码。上面的例子简单地表明叠加编码可能是次优的。

现在给出一个叠加编码实现最优的例子,如图 5.2 所示。为了简单地讨论,本书将信道 $1u$ 和 $2u$ 的容量设置为无穷大,使得在两个源节点上生成的信息对于所有其他信道都可以直接用于节点 u,并将容量设置为 1。本书希望将源节点 1 处生成的信息多播到节点 v、w 和 t,并将在源节点 2 处生成的信息发送到节点 t。

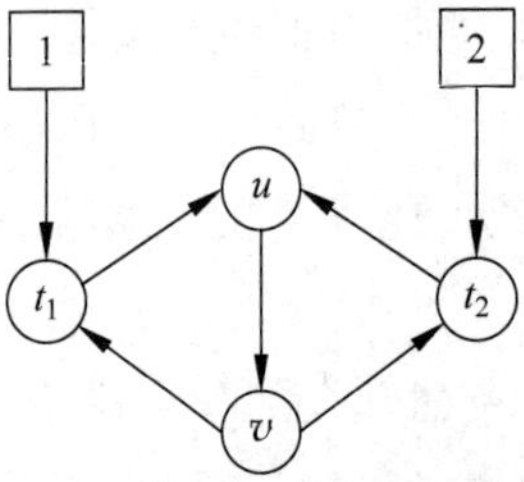

图 5.1 叠加编码为次优的网络

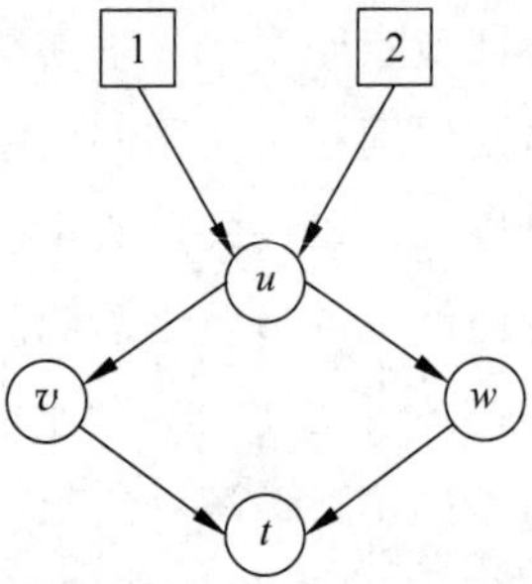

图 5.2 叠加编码为最优的网络

设 X_1 和 X_2 是独立的随机变量,表示在 1 个单位时间内分别在源节点 1 和 2 处生成的信息。在源节点上生成的信息的速率 s 由 $\omega_s=\boldsymbol{H}(X_s)$,$s=1,2$ 给出。设 U_{ij} 是信道 ij 上发送的随机变量,由于信道的比特率约束,此处的 $\boldsymbol{H}(U_{ij})\leqslant 1$。

然后对于实现规定的任何编码方案通信目标：

$$
\begin{aligned}
2\omega_1+\omega_2 &= 2\boldsymbol{H}(X_1)+\boldsymbol{H}(X_2)\\
&= 2\boldsymbol{H}(X_1)+\boldsymbol{H}(X_2\,|\,X_1)\\
① &\leqslant 2\boldsymbol{H}(X_1)+\boldsymbol{H}(U_{vt},U_{wt}\mid X_1)\\
② &\leqslant 2\boldsymbol{H}(X_1)+\boldsymbol{H}(U_{uv},U_{uv}\mid X_1)\\
&\leqslant 2\boldsymbol{H}(X_1)+\boldsymbol{H}(U_{uv}\,|\,X_1)+\boldsymbol{H}(U_{uv}\mid X_1)\\
&= \boldsymbol{H}(U_{uv},X_1)+\boldsymbol{H}(U_{uw},X_1)\\
③ &= \boldsymbol{H}(U_{uv})+\boldsymbol{H}(U_{uw})\\
&\leqslant 2
\end{aligned}
$$

其中，①是因为 X_2 是 U_{vt} 和 U_{wt} 的函数，②是因为 U_{vt} 是 U_{uv} 和 U_{wt} 的函数，③是因为 X_1 是 U_{uv} 和 U_{uw} 的函数。

这个区域如图 5.3 所示。通过叠加编码实现整个区域是可行的，设 $r_{ij}^{(s)}$ 为信道 ij 上的比特率，用于发送源节点 s 上生成的信息。由于每个信道 ij 的比特率约束，必须满足以下要求：

$$r_{ij}^{(1)}+r_{ij}^{(2)}\leqslant 1$$

然后这个速率对 $(\omega_1,\omega_2)=(1,0)$ 通过讨论

$$r_{uv}^{(1)}=r_{uw}^{(1)}=r_{vt}^{(1)}=1$$

和

$$r_{wt}^{(1)}=r_{uv}^{(2)}=r_{uw}^{(2)}=r_{vt}^{(2)}=r_{wt}^{(2)}=0$$

取得。

而速率对(0,2)通过讨论

$$r_{uv}^{(1)}=r_{uw}^{(1)}=r_{vt}^{(1)}=r_{wt}^{(1)}=0$$

和

$$r_{uv}^{(2)}=r_{uw}^{(2)}=r_{vt}^{(2)}=r_{wt}^{(2)}=1$$

取得。

图 5.3 所示的整个信息速率区域可以通过分时论证来实现。

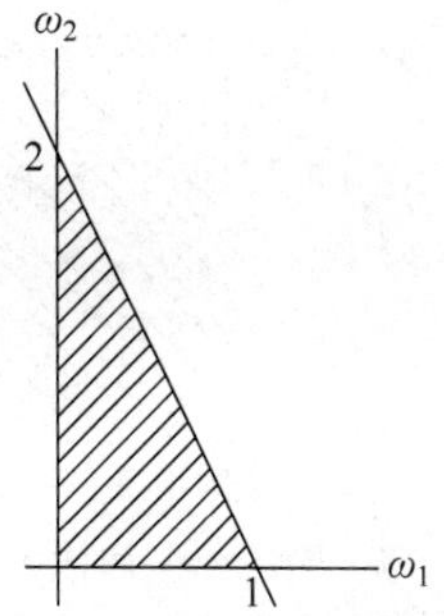

图 5.3　图 5.2 中网络的信息速率区域

从上述两个例子中可以看到，叠加编码有时但并不总是最佳的。重叠编码的最优性对于某些类别的多级分集编码问题(多源网络编码的特殊情况)在文献[200]、[207]和[212]中已有报道。依据一类多级分集编码问题(多源网络编码的特

殊情况)在文献[177]中的研究,叠加编码是最佳的 100 个配置中的 86 个。在任何情况下,通过叠加编码都能得到信息速率区域的内界。

5.2 最大流界

本节将从另一个角度重新审视 5.1 节中的两个例子。首先,对于图 5.1 中的网络,已经看到叠加编码是次优的。现在考虑从 t_1 到 t_2 和从 t_2 到 t_1 的最大流:

$$\omega_1 \leqslant 1, \quad \omega_2 \leqslant 1$$

图 5.4 描述了信息速率区域的外部边界,称为最大流界。这里,速率对(1,1)是通过使用节点 u 处的网络编码实现的,如本书所讨论的,这意味着整个区域的可实现性。因而,最大流界是紧的。

现在考虑图 5.2 中的网络。考虑节点 v 或 w 的最大流:

$$\omega_1 \leqslant 1 \tag{5.1}$$

同时考虑节点 t 上的最大流:

$$\omega_1 + \omega_2 \leqslant 2 \tag{5.2}$$

图 5.5 是所有(ω_1,ω_2)满足这些界限的区域的例证,并构成最大流界。与图 5.3 所示的可实现的信息速率区域相比,此时最大流界不是紧的。从这两个例子中可以看到,叠加编码的最大流界有时但并不总是紧的。然而,它总是给出信息速率区域的外边界。在文献[170]和文献[194]中已展示出了具有两个汇聚节点的网络的最大流约束是紧的。

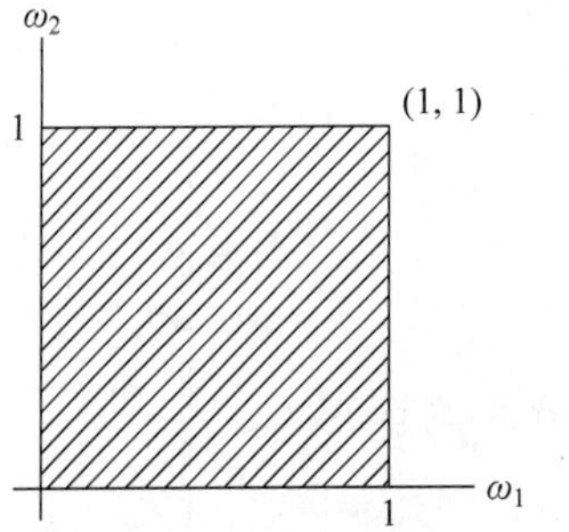

图 5.4 图 5.1 中网络的最大流界

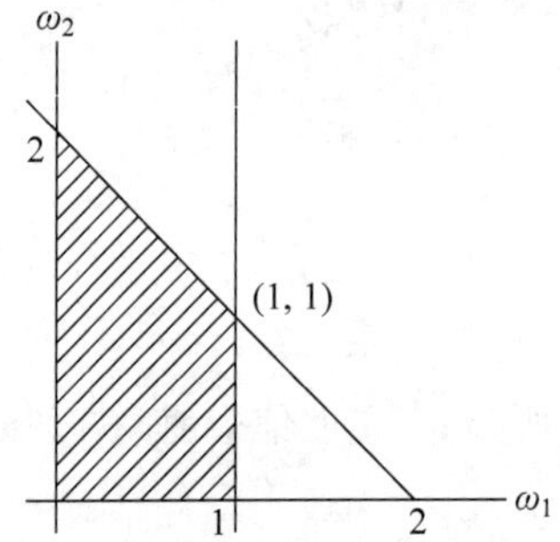

图 5.5 图 5.2 中网络的最大流界

第 6 章

无环网络的网络编码

6.1 可达信息速率区

本书第一部分表明，为便于讨论线性编码，从一个节点到其邻居节点的直接传输能力由它们之间的信道多样性决定。在本节中，代码不一定是线性的，并假设信道容量可以取任何正实数。然而，本节继续允许一对节点之间有多个信道，以便随后与线性编码进行比较。

惯例：

以下约定适用于本节中的每个非循环通信网络。

(1) 所有节点的集合和所有通道的集合分别用 V 和 E 表示。

(2) 这些节点的顺序是这样的：如果存在从节点 i 到节点 j 的信道，那么节点 i 先于节点 j。这可以通过网络的非循环性实现。

(3) 信道 e 的容量用 R_e 表示。

(4) 在源节点 s 上生成独立的信息源 X_s。

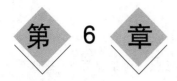

(5) 一个源节点没有输入信道。

(6) 网络中所有源节点的集合用 S 表示,S 是 V 的一个子集。

(7) 所有接收节点的集合用 T 表示,其中接收节点至少接收一个信息源[①]。接收节点 i 接收到的一组信息源用 $\beta(i)$表示。

在上述设置中,解码要求由函数 $\beta(i), i \in T$ 描述,同样可以认为每个信息源 x_s 都是对节点集的多播:

$$\{i \in T : s \in \beta(i)\}$$

现在考虑一个长度为 n 的块代码。信息源 x_s 是一个随机变量,接受集合中的值:

$$x_s = \{1, 2, \cdots, \lceil 2^{n\tau_s} \rceil\}$$

按均匀分布。信息源 x_s 的速率为 τ_s。根据本书中的假设,随机变量 $x_s, s \in S$ 相互独立。

定义 6.1 给定通信网络上的

$$(n, (\eta_e : e \in E), (\tau_s : s \in S))$$

代码定义如下:

(1) 对于所有源节点 $s \in S$ 和所有信道 $e \in \mathrm{Out}(s)$,本地编码映射

$$\tilde{k}_e : x_s \to \{1, 2, \cdots, \eta_e\} \tag{6.1}$$

(2) 对于所有节点 $i \in V \backslash S$ 以及所有信道 $e \in \mathrm{Out}(i)$,本地编码映射

$$\tilde{k}_e : \prod_{d \in \mathrm{In}(i)} \{1, 2, \cdots, \eta_d\} \to \{1, \cdots, \eta_e\} \tag{6.2}$$

(3) 对于所有接收节点 $i \in T$,解码映射

$$g_i : \prod_{d \in \mathrm{In}(i)} \{1, 2, \cdots, \eta_d\} \to \prod_{s \in \beta(i)} x_s$$

在编码会话中,如果一个节点 i 先于节点 j,则在编码映射 $\tilde{k}_e, e \in \mathrm{Out}(j)$前应用编码映射 $\tilde{k}_e, e \in \mathrm{Out}(i)$。如果 $e \in \mathrm{Out}(i)$且 $e' \in \mathrm{Out}(i)$,则 $\tilde{k}_e$ 和 $\tilde{k}_{e'}$ 可按任意顺序应用。若存在一条信道从节点 i 到节点 j,既然节点 i 先于节点 j,则在输入信道上接收到所有必要信息之前,节点不编码。

引入一个符号 $X_{s'}$,对于 $X_s : s \in S'$,此处 $S' \subset S$。对于所有 $i \in T$,定义

$$\Delta_i = \Pr\{\hat{g}_i(X_S) \neq X_{\beta(i)}\}$$

---

① 由于信源节点没有输入信道,因此不可能是接收节点。

其中，$\hat{g}_i(X_S)$表示作为X_s函数的g_i值。Δ_i是在节点i处对一组信息源$X_{\beta(i)}$进行错误解码的概率。

在随后的讨论中，所有的对数底数为2。

定义 6.2　一种信息速率数组

$$\omega=(\omega_s:s\in S)$$

其中，$\omega\geqslant 0$（分量形式）是渐近可实现的，如果对任何$\varepsilon>0$存在足够大的n，编码

$$(n,(\eta_e:e\in E),(\tau_S:s\in S))$$

对于所有的$e\in E$，有

$$n^{-1}\log_2\eta_e\leqslant R_e+\varepsilon$$

其中，$n^{-1}\log_2\eta_e$是信道e上的平均比特率。

对于所有的$s\in S$，有

$$\tau_s\geqslant\omega_s-\varepsilon$$

且对于所有的$i\in T$，有

$$\Delta_i\leqslant\varepsilon$$

为了表达简洁，一个渐近可实现的信息率元组称为可实现的信息率元组。

定义 6.3　可实现的信息率区域由R表示，是所有可实现信息率元组ω的集合。

注释 6.1　如果ω是可实现的，且源自一个可实现信息率元组的定义，则对于所有$0\leqslant\omega'\leqslant\omega$，$\omega'$是可实现的，并且对于任何可实现信息率元组$\omega^{(k)}(k\geqslant 1)$的序列，可以证明：

$$\omega=\lim_{k\to\infty}\omega^{(k)}$$

如果其存在，则也是可实现的，也就是说R是闭环的。可以通过调用分时参数，显示R是闭凸的。

本章讨论了一般多源网络编码问题的信息速率区域的特征。与已有显式代数码构造的单源网络编码不同，目前对多源网络编码的理解还远远不够。具体地说，对于无环网络，只有可实现信息率区域R的内、外界是已知的，并且只有通过随机编码技术证明代码的存在，使用的工具主要是概率而不是代数。

可以注意到，当只有一个信息源时，本节中的网络编码定义不会直接简化为第一部分中的网络编码定义。这是因为在第一部分中，网络编码的定义方式使单一信息源（线性广播、线性扩散和通用网络编码）的各种特定于线性编码的概念可以合并。本质上，这里的网络编码定义是多播网络编码的局部描述。

6.2 内界 $\boldsymbol{R}_{\text{in}}$

本节将从一些标准定义和强典型性的特性开始，讨论无环网络的可实现信息率区域 R 的一个内界，这是信息理论的基本工具。对于证明和进一步的细节描述，参考文献[160]、[166]和[209]。此处，采用文献[209]中的惯例。

6.2.1 典型序列

考虑信息源$\{X_k, k \geqslant 1\}$，此处 X_k 具有分布函数 p_x。本节用 X 表示一般的随机变量，S_X 表示 X 的支持，$\boldsymbol{H}(X)$表示所有 X_k 的共熵，此处 $\boldsymbol{H}(X) < \infty$。令 $\mathcal{X} = (X_1, X_2, \cdots, X_n)$①。

定义 6.4 与 p_x 独立同分布的强典型集 $T^n_{[X]\delta}$ 是序列 $\chi = (x_1, x_2, \cdots, x_n) \in \chi^n$ 的集合②，对于 $x \notin S_X$，有

$$\sum_x \left| \frac{1}{n} N(x;\chi) - p(x) \right| \leqslant \delta \tag{6.3}$$

其中，$N(x;\chi)$是序列 χ 中 x 的出现次数，且 δ 是任意小的正实数。在 $T^n_{[X]\delta}$ 中序列被称为强 δ 典型序列。

定理 6.1 （强渐近均分性）如下所示，η 是一个小正数，如果 $\delta \to 0, \eta \to 0$：

(1) 如果 $\chi \in T^n_{[X]\delta}$，则

$$2^{-n(H(X)+\eta)} \leqslant p(\chi) \leqslant 2^{-n(H(X)-\eta)} \tag{6.4}$$

(2) 对于 n 足够大

$$\Pr\{\mathcal{X} \in T^n_{[X]\delta}\} > 1 - \delta$$

(3) 对于 n 足够大

$$(1-\delta)2^{n(H(X)-\eta)} \leqslant \left| T^n_{[X]\delta} \right| \leqslant 2^{n(H(X)+\eta)} \tag{6.5}$$

接下来，本书将讨论关于二元分布的强联合典型性，推广到多变量分布是直接的。考虑双变量信息源$\{(X_k, Y_k), k \geqslant 1\}$，此处$(X_k, Y_k)$与 $p(x, y)$独立同分布。本书用(X, Y)表示一对一般随机变量，且假定 $\boldsymbol{H}(X, Y) < \infty$。

---

① 6.2.1 节中使用$\mathcal{X}$表示序列$(X_1, X_2, \cdots, X_n)$，$\mathcal{Y}$表示序列$(Y_1, Y_2, \cdots, Y_n)$。

② 6.2.1 节使用 χ 表示序列$(x_1, x_2, \cdots, x_n)$，ψ 表示序列$(y_1, y_2, \cdots, y_n)$。

定义 6.5　与 $p(x,y)$相关的强联合典型性集合 $T^n_{[XY]\delta}$ 是$(\chi,\psi)\in\mathcal{X}^n\times\psi^n$ 的集合[①],因此对于 $(x,y)\notin S_{XY}$ 时 $N(x,y;\chi,\psi)=0$,且

$$\sum_x\sum_y\left|\frac{1}{n}N(x,y;x,\psi)-p(x,y)\right|\leqslant\delta \tag{6.6}$$

其中,$N(x,y;\chi,\psi)$ 是序列(χ,ψ)中(x,y)的出现次数，且 δ 是任意小的正实数。一对序列(χ,ψ)被称作 $T^n_{[XY]\delta}$ 中的强 δ 典型序列。

强典型性满足以下一致性和保存性。

定理 6.2　(一致性)如果$(\chi,\psi)\in T^n_{[XY]\delta}$,则 $\chi\in T^n_{[X]\delta}$ 且 $\psi\in T^n_{[Y]\delta}$。

定理 6.3　(保存性)设 $Y=f(X)$ 。若

$$\chi=(x_1,x_2,\cdots,x_n)\in T^n_{[X]\delta}$$

则

$$f(\chi)=(y_1,y_2,\cdots,y_n)\in T^n_{[Y]\delta} \tag{6.7}$$

其中,$y_i=f(x_i)$,$1\leqslant i\leqslant n$(见文献[209],引理 15.10)。

对于双变量独立相关性信息源$\{(X_k,Y_k)\}$,有强联合渐近均分性质(强 JAEP),可通过将强 AEP 应用于源而轻易获得。

定理 6.4　(强 JAEP)令

$$(\mathcal{X},\mathcal{Y})=\big((X_1,Y_1),(X_2,Y_2),\cdots,(X_n,Y_n)\big)$$

此处(X_i,Y_i)是独立分布的,且对于一般随机变量(X,Y)具有独立相关性。如下所示,λ 是一个很小的正数,如果 $\delta\to0$,$\lambda\to0$:

(1) 若$(\chi,\psi)\in T^n_{[XY]\delta}$,则

$$2^{-n(H(X,Y)+\lambda)}\leqslant p(\chi,\psi)\leqslant 2^{-n(H(X,Y)-\lambda)}$$

(2) 对于 n 足够大,有

$$\Pr\{(\mathcal{X},\mathcal{Y})\in T^n_{[XY]\delta}\}>1-\delta$$

(3) 对于 n 足够大,有

$$(1-\delta)2^{n(H(X,Y)-\lambda)}\leqslant|T^n_{[XY]\delta}|\leqslant 2^{n(H(X,Y)+\lambda)}$$

6.2.2　例 1

考虑点对点通信系统,最简单的通信网络示例:

① 6.2.1 节使用 χ 表示序列$(x_1,x_2,\cdots,x_n)$,ψ 表示序列$(y_1,y_2,\cdots,y_n)$。

$$V=\{1,a\},\quad E=\{1a\},\quad S=\{1\},\quad T=\{a\},\quad \beta(a)=\{1\}$$

网络描述见图 6.1,称作网络 G_1。

根据源编码定理[201],当且仅当 $\omega_1 \leqslant R_{1a}$ 时,信息率 ω_1 是可以实现的。

下面的定理可以看作源编码定理的直接部分的另一种形式。

图 6.1 例 1:网络G_1

定理 6.5 对于网络 G_1,若存在辅助随机变量 Y_1 和 U_{1a},信息率 ω_1 是可达的,满足:

$$H(Y_1) > \omega_1 \tag{6.8}$$

$$H(U_{1a} \mid Y_1) = 0 \tag{6.9}$$

$$H(U_{1a}) < R_{1a} \tag{6.10}$$

$$H(Y_1 \mid U_{1a}) = 0 \tag{6.11}$$

首先注意到式(6.9)和式(6.11)一起意味着随机变量 Y_1 和 U_{1a} 相互决定,因此可写为

$$U_{1a} = u_{1a}(Y_1)$$

和

$$Y_1 = y_1(U_{1a})$$

这意味着

$$Y_1 = y_1(u_{1a}(Y_1)) \tag{6.12}$$

而且

$$H(Y_1) = H(U_{1a})$$

对于任意 ω_1 满足式(6.8)~式(6.11)的辅助随机变量 Y_1 和 U_{1a},有

$$R_{1a} > H(U_{1a}) = H(Y_1) > \omega_1$$

其本质上是源代码定理的直接部分,只是这里的不等式很严格。通过调用定义 6.3 后面的注释,可以看到

$$R_{1a} = \omega_1$$

确实是可以实现的。

由上述分析可知,应该把 Y_1 和 U_{1a} 看作分别代表信息源 X_1 和信道 $1a$ 上发送的代码字的随机变量。因此,本书将式(6.8)作为 Y_1 上的熵约束,式(6.10)对应通道 $1a$ 的容量约束。

定理 6.5 的证明：设 δ 为稍后指定的小的正实数。对于满足式(6.8)～式(6.11)的随机变量 Y_1 和 U_{1a}，可以通过以下步骤构造一个随机码。

(1) 根据 $p^n(y_1)$产生 n 个长度为 $2^{n\omega_1}$ 的序列；

(2) 如果消息是 i，则将其映射到步骤(1)中生成的第 i 个序列。用 y_1 表示这个序列；

(3) 如果 $y_1 \in T^n_{[Y_1]\delta}$，实现序列

$$u_{1a} = u_{1a}(y_1)$$

(回想定理 6.3 中的符号 $f(\chi)$)。根据定理 6.9，$u_{1a} \in T^n_{[U_{1a}]\delta}$。否则，设 u_{1a} 是 $T^n_{[U_{1a}]\delta}$ 中的不变序列；

(4) 输出 $T^n_{[U_{1a}]\delta}$ 中的 u_{1a} 的索引作为码字，在通道 $1a$ 上发送；

(5) 在节点 b，收到 $u_{1a} \in T^n_{[U_{1a}]\delta}$ 的索引后，恢复 u_{1a} 并获得

$$\tilde{y}_1 = y_1(u_{1a})$$

如果 $\tilde{y}_1 = y_1$ 且 y_1 在步骤(1)中产生的所有序列中是唯一的，则可以正确解码消息 i。如果消息 i 的编码不正确，则会出现解码错误。

注意，代码字总数的上界确定于

$$|T^n_{[U_{1a}]\delta}| < 2^{n(H(U_{1a})+\eta)}$$

(参见条件(6.5))，代码速率至多为

$$H(U_{1a}) + \eta < R_{1a} + \eta$$

现在分析这个随机码的解码错误概率。考虑

$$\begin{aligned}
&\Pr\{\text{解码错误}\}\\
&=\Pr\{\text{解码错误} \mid y_1 \notin T^n_{[Y_1]\delta}\}\Pr\{y_1 \notin T^n_{[Y_1]\delta}\} +\\
&\quad \Pr\{\text{解码错误} \mid y_1 \in T^n_{[Y_1]\delta}\}\Pr\{y_1 \in T^n_{[Y_1]\delta}\}\\
&\leqslant 1 \times \Pr\{y_1 \notin T^n_{[Y_1]\delta}\} + \Pr\{\text{解码错误} \mid y_1 \in T^n_{[Y_1]\delta}\} \times 1\\
&=\Pr\{y_1 \notin T^n_{[Y_1]\delta}\} + \Pr\{\text{解码错误} \mid y_1 \in T^n_{[Y_1]\delta}\}
\end{aligned}$$

根据强 AEP，由于 $n \to \infty$ 时，

$$\Pr\{y_1 \notin T^n_{[Y_1]\delta}\} \to 0$$

所以还需证明，选择适当的 δ，$n \to \infty$ 时，

$$\Pr\{\text{解码错误} \mid y_1 \in T^n_{[Y_1]\delta}\} \to 0$$

按照这个方向，可以观察到，如果 $y_1 \in T^n_{[Y_1]\delta}$，则

$$u_{1a} = u_{1a}(y_1)$$

(而不是作为 $T^n_{[U_{1a}]\delta}$ 中的一个不变序列)，因此

$$\tilde{y}_1 = y_1(u_{1a}) = y_1(u_{1a}(y_1))$$

然后从式(6.12)，可以看到

$$\tilde{y}_1 = y_1$$

换言之,若 $y_1 \in T^n_{[Y_1]\delta}$,当且仅当步骤(1)中多次绘制序列 y_1 时,才会出现解码错误。因此

$$\Pr\{解码错误 \mid y_1 \in T^n_{[Y_1]\delta}\} = \Pr\{y_1 \text{ 绘制超过 1 次} \mid y_1 \in T^n_{[Y_1]\delta}\}$$

$$= \Pr\{\bigcup_{j\neq i}\{\text{在第 } j \text{ 次绘制中获取 } y_1 \mid y_1 \in T^n_{[Y_1]\delta}\}\}$$

$$\leqslant \sum_{j\neq i} \Pr\{\text{在第 } j \text{ 次绘制中获取 } y_1 \mid y_1 \in T^n_{[Y_1]\delta}\}$$

$$< 2^{n\omega_1} \times \{\text{在第 } j \text{ 次绘制中获取 } y_1 \mid y_1 \in T^n_{[Y_1]\delta}\}$$

$$< 2^{n\omega_1} \times 2^{-n(H(U_{1a})-\eta)}$$

$$= 2^{-n(H(U_{1a})-\omega_1-\eta)}$$

$$= 2^{-n(H(Y_1)-\omega_1-\eta)}$$

本节在最后的不等式中调用了强 AEP。因为 $H(Y_1) > \omega_1$ 且当 $\delta \to 0$ 和 $\eta \to 0$ 时,取 η 足够小,有 $H(Y_1) - \omega_1 - \eta > 0$,因此当 $n \to \infty$ 时,

$$\Pr\{解码错误 \mid y_1 \in T^n_{[Y_1]\delta}\} \to 0$$

定理 6.5 似乎只使源代码定理的直接部分复杂化,但正如本节所阐述的,它实际上为获得更一般网络的可实现信息率区域的特征做好了准备。

6.2.3 例 2

6.2.4 节将毫无证据地说明一个关于一般无环网络的可实现信息率区域 R 的内界,但未给出严格的数学推导过程。对于点对点通信系统,本节已经在定理 6.5 中证明了此内界的一个特殊情况。这一节将证明另一个网络的内边界要比 6.2.2 节中的网络内边界复杂得多。虽然这个网络还远不是一般的网络,但是对它的内在界限的证明包含了所有的基本成分。此外,这些想法很容易理解,不需要额外的标注证明。

本书在这里考虑的第二个网络是图 6.2 中的网络,并将这个网络称为 G_2,G_2 符合以下规范:

$$V = \{1,2,a,b,c,d\}, \quad E = \{1a,2b,ab,ac,bc,bd,cd\}$$

$$S = \{1,2\}, \quad T = \{c,d\}, \quad \beta(c) = \{1\}, \quad \beta(d) = \{1,2\}$$

对于网络 G_2,首先观察到源节点 1 和 2 各自只有一个输出通道。根据源代码定理,如果 $R_{1a} < \omega_1$ 或 $R_{2b} < \omega_2$,宿节点 d 不可能同时接收 X_1 和 X_2。因此,为了使问题有意

义，可以假设 $R_{1a} \geqslant \omega_1$ 且 $R_{2b} \geqslant \omega_2$，这样可以分别将 X_1 和 X_2 视为直接可用于节点 a 和 b。

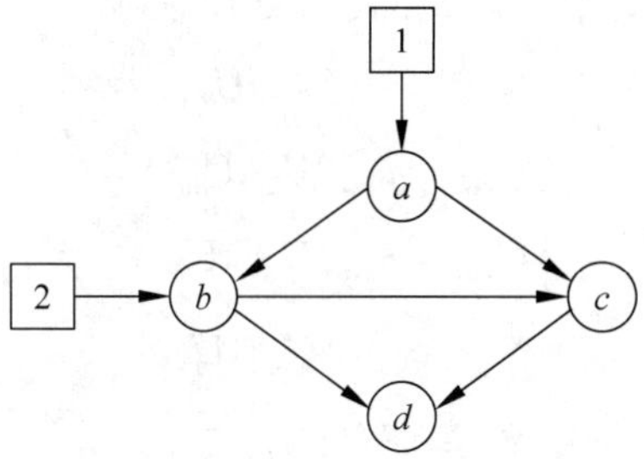

图 6.2　例 2：网络G_2

定理 6.6　对于网络 G_2，如果存在辅助随机变量 $Y_s, s \in S$ 和 $s \in U_e, e \in E$，则信息速率对(ω_1, ω_2) 可达，且满足

$$H(Y_1, Y_2) = H(Y_1) + H(Y_2) \tag{6.13}$$

$$H(Y_s) > \omega_s, s \in S \tag{6.14}$$

$$H(U_{ab}, U_{ac} \mid Y_1) = 0 \tag{6.15}$$

$$H(U_{bc}, U_{bd} \mid Y_2, U_{ab}) = 0 \tag{6.16}$$

$$H(U_{cd} \mid U_{ac}, U_{bc}) = 0 \tag{6.17}$$

$$H(U_e) < R_e, e \in E \tag{6.18}$$

$$H(Y_1 \mid U_{ac}, U_{bc}) = 0 \tag{6.19}$$

$$H(Y_1, Y_2 \mid U_{bd}, U_{cd}) = 0 \tag{6.20}$$

式(6.13)～式(6.20)的解释如下。与 6.2.2 节中对网络的讨论类似，Y_s 和 U_e 分别是表示信息源 X_s 和在通道 e 上发送的代码字的随机变量。等式(6.13)表示信息源 1 和 2 是独立的。不等式(6.14)是辅助随机变量 Y_s 的熵约束。等式(6.15)表示信道 ab 和 ac 上发送的码字仅取决于信息源 X_1。等式(6.16)表示在信道 bc 和 bd 上发送的码字仅取决于信息源 X_2 和信道 ab 上发送的码字。等式(6.17)表示在通道 cd 上发送的代码字仅取决于在通道 ac 和 bc 上发送的代码字。不等式(6.18)是信道 e 的容量约束。等式(6.19)表示信息源 1 可以从信道 ac 和 bc 发送的码字中恢复(在接收节点 c 处)。等式(6.20)表示信息源 X_1 和 X_2 都可以(在接收节点 d 处)从在 bd 和 cd 通道上发送的代码字中恢复。

从式(6.15)可以看出，U_{ab} 和 U_{ac} 都是 Y_1 的函数。于是写为

$$U_{ab} = u_{ab}(Y_1) \tag{6.21}$$

和

$$U_{ac}=u_{ac}(Y_1) \tag{6.22}$$

同样,从式(6.16)、式(6.17)、式(6.19)和式(6.20)得到:

$$U_{bc}=u_{bc}(Y_2,U_{ab}) \tag{6.23}$$

$$U_{bd}=u_{bd}(Y_2,U_{ab}) \tag{6.24}$$

$$U_{cd}=u_{cd}(U_{ac},U_{bc}) \tag{6.25}$$

$$Y_1=y_1^{(c)}(U_{ac},U_{bc}) \tag{6.26}$$

$$Y_1=y_1^{(d)}(U_{bd},U_{cd}) \tag{6.27}$$

$$Y_2=y_2^{(d)}(U_{bd},U_{cd}) \tag{6.28}$$

其中,在式(6.26)~式(6.28)中,上标表示与函数关联的接收节点。

定理6.6的证明:设δ为稍后指定的小的正实数。对于给定的满足式(6.13)~式(6.20)的随机变量$Y_s,s\in S$和$s\in U_e,e\in E$,可以通过以下方法构造一个随机网络编码。

(1) 对于信息源$j(j=1,2)$,

① 根据$p^n(y_j)$产生n个独立的长度为$2^{n\omega_j}$的序列;

② 如果消息是i_j,则将其映射到步骤(1)中生成的第i_j个序列,用y_j表示这个序列。

(2) 如果$y_1\in T^n_{[Y_1]}$,实现序列

$$u_{ab}=u_{ab}(y_1)\in T^n_{[U_{ab}]\delta}$$

和

$$u_{ac}=u_{ac}(y_1)\in T^n_{[U_{ac}]\delta}$$

(回想式(6.21)中$u_{ac}(\cdot)$的定义及定理6.3中的符号$f(\chi)$)。此处,根据定理6.2,$u_{ab}(y_1)\in T^n_{[U_{ab}]\delta}$和$u_{ac}(y_1)\in T^n_{[U_{ac}]\delta}$。否则,设$u_{ab}$和$u_{ac}$分别是$T^n_{[U_{ab}]\delta}$中的不变序列。

(3) 输出$T^n_{[U_{ab}]\delta}$中的u_{ab}和$T^n_{[U_{ac}]\delta}$中的u_{ac}的索引作为码字,分别在通道ab和ac上发送。

(4) 如果$(y_2,u_{ab})\in T^n_{[Y_2U_{ab}]\delta}$,获取序列

$$u_{bc}=u_{bc}(y_2,u_{ab})\in T^n_{[U_{bc}]}$$

和

$$u_{bd}=u_{bd}(y_2,u_{ab})\in T^n_{[U_{bd}]}$$

否则，分别设 u_{bc} 和 u_{bd} 是 $T^n_{[U_{bc}]\delta}$ 和 $T^n_{[U_{bd}]\delta}$ 中的不变序列。

(5) 输出 $T^n_{[U_{bc}]\delta}$ 中的 u_{bc} 指数和 $T^n_{[U_{bd}]\delta}$ 中的 u_{bd} 指数作为码字，分别在 bc 和 bd 信道上发送。

(6) 如果 $(u_{ac},u_{bc})\in T^n_{[U_{ac}U_{bc}]\delta}$，获取序列

$$u_{cd}=u_{cd}(u_{ab},u_{bc})\in T^n_{[U_{cd}]}$$

否则，设 u_{cd} 是 $T^n_{[U_{cd}]\delta}$ 中的不变序列。

(7) 输出 $T^n_{[U_{cd}]\delta}$ 中的 u_{cd} 指数，在 cd 信道上发送。

(8) 在节点 c，接收指标 $u_{ac}\in T^n_{[U_{ac}]\delta}$ 和 $u_{bc}\in T^n_{[U_{bc}]\delta}$，$u_{ac}$ 和 u_{bc} 可以恢复。

$$\widetilde{y_1^{(c)}}=y_1^{(c)}(u_{ac},u_{bc}) \tag{6.29}$$

如果 $\widetilde{y_1^{(c)}}=y_1$ 和 y_1 在步骤(1)中对于为 $j=1$ 生成的所有序列中都是唯一的，则消息 i_1 可以正确解码。

(9) 在节点 d，接收指标 $u_{bd}\in T^n_{[U_{bd}]\delta}$ 和 $u_{cd}\in T^n_{[U_{cd}]\delta}$，$u_{bd}$ 和 u_{cd} 可以恢复。

$$\widetilde{y_j^{(d)}}=y_j^{(d)}(u_{bd},u_{cd})$$

如果 $\widetilde{y_j^{(d)}}=y_j$ 和 y_j 在步骤(1)中对于为 $j=1$ 生成的所有序列中都是唯一的，则消息 i_j 可以正确解码。

如果 i_1 在节点 c 处被错误解码，或者 (i_1,i_2) 在节点 d 处被错误解码，就表明发生了解码错误。注意，对于每个通道 $e\in E$，码字总数的上限为

$$|T^n_{[U_e]\delta}|<2^{nH(U_e)+\eta}$$

(参见式(6.5))，因此通道 E 上的速率至多为

$$H(U_e)+\eta<R_e+\eta$$

现在分析这个随机码的解码错误概率。类似定理6.5的证明，有

$$\Pr\{解码错误\}\leqslant\Pr\{(y_1,y_2)\notin T^n_{[Y_1Y_2]\delta}\}+\Pr\{解码错误\mid(y_1,y_2)\in T^n_{[Y_1]\delta}\}$$

因为序列对 (y_1,y_2) 根据

$$P^n(y_1)P^n(y_2)=P^n(y_1,y_2)$$

而产生，依据强 JAEP：

$$\Pr\{(y_1,y_2)\notin T^n_{[Y_1Y_2]\delta}\}\to 0$$

由于 $n\to\infty$，因此它足以证明

$$\Pr\{解码错误\mid(y_1,y_2)\in T^n_{[Y_1Y_2]\delta}\}\to 0$$

当选择适当的 δ 时，$n\to\infty$。为此，本节分析了随机编码过程，当 $(y_1, y_2)\in T^n_{[Y_1Y_2]}\delta$：

(1) 根据定理 6.2，有 $y_j\in T^n_{[Y_j]\delta}$，$j=1,2$。

(2) 在上述步骤(2)中，因为 $y_1\in T^n_{[Y_1]\delta}$，有

$$u_{ab}=u_{ab}(y_1) \tag{6.30}$$

(而不是 $T^n_{[U_{ab}]\delta}$ 中的常量序列)

$$u_{ac}=u_{ac}(y_1) \tag{6.31}$$

(3) 在上述步骤(4)中，根据式(6.30)，有

$$(y_2, u_{ab})=(y_2, u_{ab}(y_1))$$

由于 $(y_1, y_2)\in T^n_{[Y_1Y_2]\delta}$，

$$(y_2, u_{ab}(y_1))\in T^n_{[Y_2U_{ab}]\delta}$$

根据定理 6.3，因此

$$u_{bc}=u_{bc}(y_2, u_{ab}) \tag{6.32}$$

和

$$u_{bd}=u_{bd}(y_2, u_{ab}) \tag{6.33}$$

(4) 在上述步骤(6)中，应用式(6.31)、式(6.32)和式(6.30)，

$$\begin{aligned}(u_{ac}, u_{bc})&=(u_{ac}(y_1), u_{bc}(y_2, u_{ab}))\\&=(u_{ac}(y_1), u_{bc}(y_2, u_{ab}(y_1)))\end{aligned} \tag{6.34}$$

进一步地，由于 $(y_1, y_2)\in T^n_{[Y_1Y_2]\delta}$，有

$$(u_{ac}, u_{bc})\in T^n_{[U_{ac}U_{bc}]\delta}$$

根据定理 6.3，因此

$$u_{cd}=u_{cd}(u_{ac}, u_{bc})$$

(5) 根据式(6.26)、式(6.22)、式(6.23)和式(6.21)，可以写为

$$\begin{aligned}Y_1&=y_1^{(c)}(U_{ac}, U_{bc})\\&=y_1^{(c)}(u_{ac}(Y_1), u_{bc}(y_2, U_{ab}))\\&=y_1^{(c)}(u_{ac}(y_1), u_{bc}(y_2, u_{ab}(y_1)))\end{aligned} \tag{6.35}$$

另一方面，从式(6.29)可以得出式(6.34)，则

$$\begin{aligned}\widetilde{y_1^{(c)}}&=y_1^{(c)}(u_{ac}, u_{bc})\\&=y_1^{(c)}(u_{ac}(y_1), u_{bc}(y_2, u_{ab}(y_1)))\end{aligned} \tag{6.36}$$

式(6.35)和式(6.36)的比较表明

$$\widetilde{y_1^{(c)}}=y_1 \tag{6.37}$$

同样,可以证明

$$\widetilde{y_1^{(d)}}=y_1 \tag{6.38}$$

和

$$\widetilde{y_2^{(d)}}=y_2 \tag{6.39}$$

总之,只要$(y_1,y_2)\in T^n_{[Y_1Y_2]\delta}$,式(6.37)~式(6.39)保持不变。根据强 AEP,当 $n\to\infty$时,

$$\Pr\{(y_1,y_2)\in T^n_{[Y_1Y_2]\delta}\}\to 1$$

因此,如果$(y_1,y_2)\in T^n_{[Y_1Y_2]\delta}$,且仅当步骤(1)中多次绘制 y_1 或 y_2 时,才会出现解码错误。

通过类似定理 6.5 证明中的一个论点,可以证明

$$\Pr\{解码错误 \mid (y_1,y_2)\in T^n_{[Y_1Y_2]\delta}\}\to 0$$

当选择适当的 δ 时,$n\to\infty$。这里省略了细节。

6.2.4　一般无环网络

在这一部分中,本书提出了一个关于一般无环网络信息速率区域的内界 R_{in}。在研究了前两部分中的特殊案例之后,读者应该对 R_{in} 的含义没有任何疑问。本节将分别使用缩写 Y_S、$U_{\text{In}(i)}$ 表示 $Y_s: s\in S$、$U_e: e\in \text{In}(i)$等。

定义 6.6　令 R'为所有信息速率元组的集合 ω,存在满足以下条件的辅助随机变量 $Y_s, s\in S$,和 $U_e, e\in \text{In}(i)$ 满足:

$$H(Y_S)=\sum_{s\in S}H(Y_s) \tag{6.40}$$

$$H(Y_s)>\omega_s,\quad s\in S \tag{6.41}$$

$$H(U_{\text{Out}(s)}\mid Y_s)=0,\quad s\in S \tag{6.42}$$

$$H(U_{\text{Out}(i)}\mid U_{\text{In}(i)})=0,\quad i\in V\backslash S \tag{6.43}$$

$$H(U_e)<R_e,\quad e\in E \tag{6.44}$$

$$H(Y_{\beta(i)}\mid U_{\text{In}(i)})=0,\quad i\in T \tag{6.45}$$

定理 6.7 $R' \subset R$。

定理 6.7 的证明用到了文献[203]和文献[211]中的一些方法。定理 6.6 的证明虽然是定理 6.8 的特例,但包含了证明定理 6.7 所必需的基本成分。

定义 6.7 让 $R_{\text{in}} = \overline{\text{con}}(R')$,$R'$的凸闭包。

定理 6.8 $R_{\text{in}} \subset R$。

定理 6.8 可以很容易地从定理 6.7 中得到,作为推论引用定义 6.3 后的注释。特别地,在 $R' \subset R$ 中取两边的凸闭包,有

$$\overline{\text{con}}(R') \subset \overline{\text{con}}(R) = R$$

关于定理 6.8 的完整证明,请读者参考文献[203]以及文献[209]的第 15 章[①]。文献[203]证明的内界是零误差的可变长度网络编码。

6.2.5 R_{in} 改写

R_{in} 在这一节中将在信息框架中被重新定义,不同于文献[208]。正如本节将阐述的,这个替代性的特征 R_{in} 在文献[203]和文献[211]中被开发,使该区域能够在相同的基础上描述不同的多源网络编码问题。

设 N 为离散随机变量的集合,其联合分布未指定,且使

$$Q_N = 2^N \backslash \{\varnothing\}$$

为 N 中随机变量的所有非空子集的集合。然后

$$|Q_N| = 2^{|N|} - 1$$

设 H_N 为带坐标的 Q_N 维欧氏空间,由 $\boldsymbol{h}_A, A \in Q_N$ 标记。将 H_N 称为随机变量的集合 N 的熵空间。向量

$$\boldsymbol{h} = (\boldsymbol{h}_A : A \in Q_N) \in H_N \tag{6.46}$$

对于$(Z : Z \in N)$如果存在联合分布,则称为熵函数。如对于所有的 $A \in Q_N$,有

$$\boldsymbol{h}_A = H(Z : Z \in A)$$

然后定义区域

$$\Gamma_N^* = (\boldsymbol{h} \in Q_N : \boldsymbol{h} \text{ 是熵函数})$$

为了简化续集中的符号,对于任何非空的 $A', A' \in Q_N$,定义

① 6.2.3 节中给出的证明是文献[203]和文献[209]中证明的简化版本。

$$\boldsymbol{h}_{A|A'} = \boldsymbol{h}_{AA'} - \boldsymbol{h}_{A'} \tag{6.47}$$

本书用并置表示两个集合的并集。在使用上面的符号时,不区分元素和 N,也就是说,对于自由变量 $Z\in N$、$\boldsymbol{h}_Z$ 和 $\boldsymbol{h}_{\{Z\}}$。注意式(6.47)对应信息论恒等式

$$H(A \mid A') = H(AA') - H(A')$$

用上述框架描述 R_{in},使得

$$N = \{Y_s : s \in S_s; U_e : e \in E\}$$

观察 R'定义中的约束条件式(6.40)~式(6.45)与 H_N 中的下列约束相对应,相应地:

$$\boldsymbol{h}_{Y_S} = \sum_{s\in S} \boldsymbol{h}_{Y_s} \tag{6.48}$$

$$\boldsymbol{h}_{Y_s} > \omega_s,\quad s \in S \tag{6.49}$$

$$\boldsymbol{h}_{U_{\text{Out}(s)}} \mid Y_s = 0,\quad s \in S \tag{6.50}$$

$$\boldsymbol{h}_{U_{\text{Out}(i)} \mid U_{\text{In}(i)}} = 0,\quad i \in V\backslash S \tag{6.51}$$

$$\boldsymbol{h}_{U_e} < R_e,\quad e \in E \tag{6.52}$$

$$\boldsymbol{h}_{Y_{\beta(i)} \mid Y_{\beta(i)}} = 0,\quad i \in T \tag{6.53}$$

然后有以下 R'的替代定义。

定义 6.8　让 R'成为所有信息率元组的集合 ω,这样就存在 $\boldsymbol{h}\in\Gamma_N^*$ 满足式(6.48)~式(6.53)。

尽管定义 6.8 中给出的 R'的原始定义更直观,但这样定义的区域似乎在不同问题中全不同。另一方面,上述 R'的替代定义使得可以在相同的基础上对所有情况下的区域进行描述。此外,如果 $\widetilde{\Gamma}_N$ 是 Γ_N^* 上的一个显式内界,则在上述 R'的定义中用 $\widetilde{\Gamma}_N$ 代替 Γ_N^*,可以立即得到所有情况下 R_{in} 的显式内界。当在 6.3 节讨论 R 的显式外界时,将看到这个替代定义的进一步优势。

6.3　外界 R_{out}

这一节将证明 R 上的一个外界 R_{out},这个外界用 Γ_N^* 的闭包 $\bar{\Gamma}_N^*$ 表示。

定义 6.9　令 R_{out} 为所有信息率元组的集合 ω,这样就存在 $\boldsymbol{h}\in\Gamma_N^*$ 满足式(6.48)~式(6.53)。

令 R_{out} 是所有信息率元组 ω 的集合，使得存在 $\boldsymbol{h}\in\bar{\Gamma}_N^*$ 满足下列约束：

$$\boldsymbol{h}_{Y_S}=\sum_{s\in S}\boldsymbol{h}_{Y_s} \tag{6.54}$$

$$\boldsymbol{h}_{Y_s}\geqslant\omega_s,\quad s\in S \tag{6.55}$$

$$\boldsymbol{h}_{U_{\text{Out}(s)}|Y_s}=0,\quad s\in S \tag{6.56}$$

$$\boldsymbol{h}_{U_{\text{Out}(i)}|U_{\text{In}(i)}}=0,\quad i\in V\backslash S \tag{6.57}$$

$$\boldsymbol{h}_{U_e}\leqslant R_e,\quad e\in E \tag{6.58}$$

$$\boldsymbol{h}_{Y_{\beta(i)}|U_{\text{In}(i)}}=0,\quad i\in T \tag{6.59}$$

R_{out} 的定义与 R'(见定义 6.8)的替代定义相同，除了以下情况外：

(1) Γ_N^* 由 $\bar{\Gamma}_N^*$ 代替。

(2) 式(6.49)和式(6.52)中的不等式是严格的，而式(6.55)和式(6.58)中的不等式是非严格的。

从 R' 和 R_{out} 的定义来看，很明显有

$$R'\subset R_{\text{out}} \tag{6.60}$$

并且很容易证明 $\bar{\Gamma}_N^*$(见文献[209]，定理 14.5)的凸性意味着 R_{out} 的凸性。然后在式(6.60)中取凸闭包，可以看到

$$R_{\text{in}}=\overline{\text{con}}(R')\subset\overline{\text{con}}(R_{\text{out}})=R_{\text{out}}$$

其中，因为 R_{out} 是闭合的凸函数，所以最后一个等式是成立的。然而，这两个区域的 R_{in} 和 R_{out} 一般不明显。这将在 6.4 节中进一步讨论。本节首先证明 R_{out} 确实是 R 上的一个外界。

定理 6.9 $R\subset R_{\text{out}}$。

证明：让 ω 是一个可实现的信息率元组，n 是一个足够大的整数。则对于任意 $\varepsilon>0$，存在一个网络上的代码

$$(n,(\eta_e:e\in E),(\tau_s:s\in S))$$

对于所有的 $e\in E$，有

$$n^{-1}\log_2\eta_e\leqslant R_e+\varepsilon \tag{6.61}$$

对于所有的 $s\in S$，有

$$\tau_s\geqslant\omega_s-\varepsilon \tag{6.62}$$

和对于所有的 $i\in T$，有

$$\Delta_i \leqslant \varepsilon \tag{6.63}$$

考虑一个固定 ε 且足够大的 n 的编码。由于信息源 $X_s, s\in S$ 是相互独立的，有

$$H(X_S)=\sum_{s\in S}H(X_s) \tag{6.64}$$

对于所有 $s\in S$，由式(6.62)可知：

$$H(X_s)=\log_2 x_s=\log_2\lceil 2^{n\tau_s}\rceil\geqslant n\tau_s\geqslant n(\omega_s-\varepsilon) \tag{6.65}$$

对于 $e\in E$，设 U_e 为在信道 e 上发送的码字。对于所有 $s\in S$ 和 $e\in \mathrm{Out}(s)$，因为 U_e 是信息源 X_s 的函数，有

$$H(U_{\mathrm{Out}(s)}\mid X_s)=0 \tag{6.66}$$

类似地，对于所有 $i\in V\backslash S$，有

$$H(U_{\mathrm{Out}(i)}\mid U_{\mathrm{In}(i)})=0 \tag{6.67}$$

由式(6.1)、式(6.2)和式(6.61)，对于所有的 $e\in E$，有

$$H(U_e)\leqslant \log_2|U_e|=\log_2(\eta_e+1)\leqslant n(R_e+2\varepsilon) \tag{6.68}$$

对于 $i\in T$，根据法诺(fano)不等式(参见文献[209]中推论 2.48)，有

$$\begin{aligned}H(X_{\beta(i)}|U_{\mathrm{In}(i)})&\leqslant 1+\Delta_i\log_2\Big(\prod_{s\in\beta(i)}|x_s|\Big)\\&=1+\Delta_i H(X_{\beta(i)}) &(6.69)\\&\leqslant 1+\varepsilon H(X_{\beta(i)}) &(6.70)\end{aligned}$$

式(6.69)成立，因为 X_s 在 x_s 上均匀分布，且与 $X_s, s\in S$ 相互独立，式(6.70)由式(6.63)推出。那么

$$\begin{aligned}H(X_{\beta(i)})&=I(X_{\beta(i)};U_{\mathrm{In}(i)})+H(X_{\beta(i)}\mid U_{\mathrm{In}(i)})\\&\overset{(1)}{\leqslant} I(X_{\beta(i)};U_{\mathrm{In}(i)})+1+\varepsilon H(X_{\beta(i)})\\&\leqslant H(U_{\mathrm{In}(i)})+1+\varepsilon H(X_{\beta(i)})\\&\overset{(2)}{\leqslant}\Big(\sum_{e\in\mathrm{In}(i)}\log_2\eta_e\Big)+1+\varepsilon H(X_{\beta(i)})\\&\overset{(3)}{\leqslant}\Big(\sum_{e\in\mathrm{In}(i)}n(R_e+\varepsilon)\Big)+1+\varepsilon H(X_{\beta(i)}) &(6.71)\end{aligned}$$

(1) 源自式(6.70)；

(2) 源自 $H(Z)\leqslant\log_2|Z|$，参考文献[209]中的定理 2.43；

(3) 源自式(6.61)。

重新排列式(6.71)中的项,可以得到

$$H(X_{\beta(i)}) \leqslant \frac{n}{1-\varepsilon}\left(\sum_{e\in \mathrm{In}(i)}(R_e+\varepsilon)+\frac{1}{n}\right)$$
$$\leqslant 2n\sum_{e\in \mathrm{In}(i)}(R_e+\varepsilon) \tag{6.72}$$

对于足够小的 ε 和足够大的 n。将式(6.72)代入式(6.70),有

$$H(X_{\beta(i)}\mid U_{\mathrm{In}(i)}) < n\left(\frac{1}{n}+2\varepsilon\sum_{e\in \mathrm{In}(i)}(R_e+\varepsilon)\right)$$
$$= n\phi_i(n,\varepsilon) \tag{6.73}$$

当 $n\to\infty$ 和 $\varepsilon\to 0$ 时,有

$$\phi_i(n,\varepsilon)=\left(\frac{1}{n}+2\varepsilon\sum_{e\in \mathrm{In}(i)}(R_e+\varepsilon)\right)\to 0$$

因此,对于这个编码,由式(6.64)、式(6.65)、式(6.67)、式(6.68)和式(6.73),有

$$H(X_S)=\sum_{s\in S}H(X_s) \tag{6.74}$$

$$H(X_S)\geqslant n(\omega_s-\varepsilon),\quad s\in S \tag{6.75}$$

$$H(U_{\mathrm{Out}(s)}\mid X_s)=0,\quad s\in S \tag{6.76}$$

$$H(U_{\mathrm{Out}(i)}\mid U_{\mathrm{In}(i)})=0,\quad i\in V\backslash S \tag{6.77}$$

$$H(U_e)\leqslant n(R_e+2\varepsilon),\quad e\in E \tag{6.78}$$

$$H(X_{\beta(i)}\mid U_{\mathrm{In}(i)})\leqslant n\phi_i(n,\varepsilon),\quad i\in T \tag{6.79}$$

可以注意到式(6.74)~式(6.79)和式(6.54)~式(6.59)存在一一对应关系。通过让所有 $s\in S$ 的 $Y_s=X_s$,可以得出存在 $\boldsymbol{h}\in\Gamma_N^*$,使

$$\boldsymbol{h}_{Y_S}=\sum_{s\in S}\boldsymbol{h}_{Y_s} \tag{6.80}$$

$$\boldsymbol{h}_{Y_S}\geqslant n(\omega_s-\varepsilon),\quad s\in S \tag{6.81}$$

$$\boldsymbol{h}_{U_{\mathrm{Out}(s)}\mid Y_s}=\boldsymbol{0},\quad s\in S \tag{6.82}$$

$$\boldsymbol{h}_{U_{\mathrm{Out}(i)}\mid U_{\mathrm{In}(i)}}=\boldsymbol{0},\quad i\in V\backslash S \tag{6.83}$$

$$\boldsymbol{h}_{U_e}\leqslant n(R_e+2\varepsilon),\quad e\in E \tag{6.84}$$

$$\boldsymbol{h}_{Y_{\beta(i)}\mid U_{\mathrm{In}(i)}}\leqslant n\phi_i(n,\varepsilon),\quad i\in T \tag{6.85}$$

根据文献[209]中的定理 14.5，$\bar{\Gamma}_N^*$ 是凸锥。因此，如果 $\boldsymbol{h}\in\bar{\Gamma}_N^*$，则 $n^{-1}\boldsymbol{h}\in\bar{\Gamma}_N^*$。利用式(6.80)除以 n 倍的式(6.85)，并替换 $n^{-1}\boldsymbol{h}$，可以发现存在 $\boldsymbol{h}\in\bar{\Gamma}_N^*$，使

$$
\begin{aligned}
&\boldsymbol{h}_{Y_S}=\sum_{s\in S}\boldsymbol{h}_{Y_s}\\
&\boldsymbol{h}_{Y_S}\geqslant\omega_s-\varepsilon,\quad s\in S\\
&\boldsymbol{h}_{U_{\mathrm{Out}(s)}|Y_s}=\boldsymbol{0},\quad s\in S\\
&\boldsymbol{h}_{U_{\mathrm{Out}(i)}|U_{\mathrm{In}(i)}}=\boldsymbol{0},\quad i\in V\backslash S\\
&\boldsymbol{h}_{U_e}\leqslant R_e+2\varepsilon,\quad e\in E\\
&\boldsymbol{h}_{Y_{\beta(i)}|U_{\mathrm{In}(i)}}\leqslant\phi_i(n,\varepsilon),\quad i\in T
\end{aligned}
$$

可以根据 $n\to\infty$ 和 $\varepsilon\to 0$ 得出 $\boldsymbol{h}\in\bar{\Gamma}_N^*$ 存在的结论。满足式(6.54)～式(6.59)。因此，$R\subset R_{\mathrm{out}}$ 定理得以证明。□

6.4　R_{LP} 外显界

6.2.5 节说明了术语 Γ_N^* 中 R 上的内界 R_{in}，6.3 节证明了术语 $\bar{\Gamma}_N^*$ 中 R 上的外界 R_{out}。到目前为止，尚无完全地表征 Γ_N^* 或 $\bar{\Gamma}_N^*$ 的方法。因此，这些边界不能被明确地评估。这一节给出了这些边界的几何解释，其中 R 上的一个明确的外界称为 LP 约束(线性规划的 LP)。

设 A 是 Q_N 的子集。对于一个向量 $\boldsymbol{h}\in H_N$，设

$$\boldsymbol{h}_A=(\boldsymbol{h}_Z:Z\in A)$$

对于 H_N 的子集 B，设

$$\mathrm{proj}_A(B)=\{\boldsymbol{h}_A:\boldsymbol{h}\in B\}$$

是集合 B 在坐标 $\boldsymbol{h}_Z$，$Z\in A$ 上的投影。对于 H_N 的子集 B，定义

$$\Lambda(B)=\{\boldsymbol{h}\in H_N:0\leqslant\boldsymbol{h}<\boldsymbol{h}'\ \text{对于部分}\ \boldsymbol{h}'\in B\}$$

和

$$\bar{\Lambda}(B)=\{\boldsymbol{h}\in H_N:0\leqslant\boldsymbol{h}\leqslant\boldsymbol{h}'\ \text{对于部分}\ \boldsymbol{h}'\in B\}$$

$\Lambda(B)$中向量$\boldsymbol{h}\geqslant 0$当且仅当它严格小于某个$B$中的向量$\boldsymbol{h}'$时，且在$\bar{\Lambda}(B)$中，当且仅当它小于某个$B$中的某个向量$\boldsymbol{h}'$时。

定义H_N的以下子集：

$$C_1=\left\{\boldsymbol{h}\in H_N:\boldsymbol{h}_{Y_S}=\sum_{s\in S}\boldsymbol{h}_{Y_s}\right\}$$

$$C_2=\{\boldsymbol{h}\in H_N:\boldsymbol{h}_{U_{\mathrm{Out}(s)}\mid Y_s}=0\text{ 对于所有 }s\in S\}$$

$$C_3=\{\boldsymbol{h}\in H_N:\boldsymbol{h}_{U_{\mathrm{Out}(i)}\mid U_{\mathrm{In}(i)}}=0\text{ 对于所有 }i\in V\backslash S\}$$

$$C_4=\{\boldsymbol{h}\in H_N:\boldsymbol{h}_{U_e}<R_e\text{ 对于所有 }e\in E\}$$

$$C_5=\{\boldsymbol{h}\in H_N:\boldsymbol{h}_{Y_{\beta(i)}\mid U_{\mathrm{In}(i)}}=0\text{ 对于所 }i\in T\}$$

这些集合包含满足式(6.48)和式(6.50)～式(6.53)约束的H_N中的点。集合C_1是H_N中的超平面。集合C_2、C_3和C_5中的每一个都是H_N中的超平面集合的交集。集合C_4是H_N中的开放半空间集合的交集。然后从R'的另一个定义(定义6.8)中，可以看到

$$R'=\Lambda(\mathrm{proj}_{Y_S}(\Gamma_N^*\cap C_1\cap C_2\cap C_3\cap C_4\cap C_5))$$

和

$$R_{\mathrm{in}}=\overline{\mathrm{con}}(\Lambda(\mathrm{proj}_{Y_S}(\Gamma_N^*\cap C_1\cap C_2\cap C_3\cap C_4\cap C_5)))$$

类似地，有

$$R_{\mathrm{out}}=\bar{\Lambda}(\mathrm{proj}_{Y_S}(\overline{\Gamma_N^*}\cap C_1\cap C_2\cap C_3\cap C_4\cap\overline{C_5}))\tag{6.86}$$

可以看出，如果$\Gamma_N^*\cap(C_1\cap C_2\cap C_3\cap C_5)$在$\overline{\Gamma_N^*}\cap(C_1\cap C_2\cap C_3\cap C_5)$中是稠密的，也就是

$$\overline{\Gamma_N^*\cap C_1\cap C_2\cap C_3\cap C_5}=\overline{\Gamma_N^*}\cap(C_1\cap C_2\cap C_3\cap C_5)$$

然后

$$R_{\mathrm{out}}=R'\subset\overline{\mathrm{con}}(R')=R_{\mathrm{in}}$$

这意味着

$$R_{\mathrm{in}}=R_{\mathrm{out}}$$

注意到($C_1\cap C_2\cap C_3\cap C_5$)是$H_N$上的闭子集。然而，当

$$\overline{\Gamma_N^*\cap C}\subset\overline{\Gamma_N^*}\cap C$$

时，对于任意H_N上的闭子集C，一般不存在。

$$\overline{\Gamma_N^*\cap C}=\overline{\Gamma_N^*}\cap C$$

这里展示一个反例，$\overline{\Gamma_3^* \cap \widetilde{C}}$ 是 $\bar{\Gamma}_3^* \cap \widetilde{C}$ 一个适当的子集，其已在文献[214]中显示出来（另见文献[209]，定理 14.2），此处 Γ_n^* 表示 Γ_N^*，对于

$$N = \{X_1, X_2, \cdots, X_n\}$$

且

$$\widetilde{C} = \{\boldsymbol{h} \in \Gamma_3^* : \boldsymbol{h}_{X_j} + \boldsymbol{h}_{X_k} = \boldsymbol{h}_{\{X_j, X_k\}}, 1 \leqslant j < k \leqslant 3\}$$

为了方便讨论，进一步定义

$$i_{A;A'} = \boldsymbol{h}_A - \boldsymbol{h}_{A|A'} \tag{6.87}$$

和

$$i_{A;A'|A''} = \boldsymbol{h}_{A|A''} - \boldsymbol{h}_{A|A'A''} \tag{6.88}$$

对于 $A, A', A'' \in Q_N$。注意式(6.87)和式(6.88)分别对应信息论恒等式

$$I(A;A') = H(A) - H(A \mid A')$$

和

$$I(A;A' \mid A'') = H(A \mid A'') - H(A \mid A'A'')$$

设 Γ_N 是 $\boldsymbol{h} \in H_N$ 的集合，使 $\boldsymbol{h}$ 满足 N 中包含部分或全部随机变量的所有基本不等式，即对于所有 A、A'、$A'' \in Q_N$，有

$$\boldsymbol{h}_A \geqslant 0$$

$$\boldsymbol{h}_{A|A'} \geqslant 0$$

$$i_{A;A'} \geqslant 0$$

$$i_{A;A'|A''} \geqslant 0$$

这些不等式等价于所有香农信息测度（熵、条件熵、互信息和条件互信息）的非负性。区域 Γ_N 的重要性体现在它充分刻画了 N 中所有涉及随机变量的香农型信息不等式，即上述一组基本不等式所隐含的不等式。因为所有的联合分布都满足基本不等式（$\boldsymbol{h} \in \Gamma_N^*$ 隐含 $\boldsymbol{h} \in \Gamma_N$）且 Γ_N 是封闭的，有 $\bar{\Gamma}_N^* \subset \Gamma_N$。然后在 R_{out} 的定义中将 Γ_N^* 替换为 Γ_N 后，可以立即得到 R_{out} 的一个外界，称为 LP 界，用 R_{LP} 表示。换言之，R_{LP} 是通过在式(6.86)的右侧用 Γ_N 替换 $\bar{\Gamma}_N^*$ 获得的，即

$$R_{\text{LP}} = \bar{\Lambda}(\text{proj}_{Y_S}(\Gamma_N \cap C_1 \cap C_2 \cap C_3 \cap C_4 \cap \overline{C_5}))$$

由于定义 R_{LP} 的所有约束都是线性的，因此尽管所涉及的计算可以是非平凡的，但 R_{LP} 原则上也可以被明确地评估。

然而，在文献[215]中，通过证明一个非香农型信息不等式，发现对于 $n \geqslant 4$，$\bar{\Gamma}_N^* \neq$

Γ_N，所以 R_{out} 和 R_{LP} 之间存在一个潜在的差距。简而言之，非香农型信息不等式是关于基本不等式不隐含的一个 $\bar{\Gamma}_N^*$ 上的外界。具体地说，在文献[215]中证明了对于任意4个随机变量 X_1、X_2、X_3 和 X_4，有

$$2I(X_3;X_4) \leqslant I(X_1;X_2) + I(X_1;X_3,X_4) + 3I(X_3;X_4 \mid X_1) + I(X_3;X_4 \mid X_2) \tag{6.89}$$

参考文献[209]的第14章，进行详细的讨论。

现在回到 R_{out} 和 R_{LP} 之间是否确实存在差距的问题上。这一重要问题最近在文献[167]中得到了回答，其中由非香农型不等式(6.89)可得，对于由矩阵理论构造的特定多源网络编码问题，R_{LP} 不是紧的。这一结果意味着 R_{out} 一般比 R_{LP} 更紧。

然而，在文献[209]的第15章和文献[211]中已经证明，对于所有可获得的信息速率区域已知的多源网络编码的特殊情况，R_{LP} 是紧的。这些包括在第一部分中讨论的单源网络编码以及在文献[177]、[200]、[207]、[211]和[212]描述的模型中。由于 R_{LP} 包含所有香农型信息不等式，并且对于所有这些特殊情况的可实现信息速率区域，其逆证明不涉及非香农型不等式，因此对于所有这些情况的 R_{LP} 的紧性并不令人惊讶。

第 7 章

线性编码的基本限定

本书第一部分已经解释了对于单信源网络编码，线性代码对于获得渐近最优性是足够的，但不清楚对于多信源网络编码是否也一样。本章将用框架讨论研究线性和非线性代码渐近性能的潜在差别。

7.1 多信源线性网络编码

本节首先将定义 2.4 中关于线性编码的描述扩展到多个信息源的情况。为方便讨论线性代码，第一部分假设每个通道都有单位容量。使 F 成为有限域：

$$\omega = \{\omega_s : s \in S\}$$

为正整数的元组，有

$$\Omega = \sum_{s \in S} \omega_s$$

考虑空间 F^{Ω}。源代码 s 产生的信息源认为是 ω_s 维 F^{Ω} 的子空间，标记为 W_s，假设不同信息源的子空间线性无关，即

$$W_s \cap W_{s'} = 0, \quad s \neq s' \tag{7.1}$$

其中,0 代表零向量。

在第一部分中,在一个源代码 s 生成的信息源为 ω_s 虚通道终止于代码 s。本节约定这些通道为 $s(1), s(2), \cdots, s(\omega_s)$。

定义 7.1 (整体描述线性网络编码)令 F 为有限域,$\omega = \{\omega_s : s \in S\}$ 是正整数的元组。对于 $s \in S$,W_s 是一个 ω_s 维 F^{Ω} 的子空间,则有 $W_s \cap W_{s'} = 0, s \neq s'$。在无环网络的 ω 维 F 值线性网络编码关于 $\{W_s\}$ 组成了相邻对(d, e)的一个标量 $k_{d,e}$ 和 Ω 维列向量 $\boldsymbol{f}_e$,每个通道 e 满足

$$\boldsymbol{f}_e = \sum_{d \in \mathrm{In}(i)} k_{d,e} \boldsymbol{f}_d \text{,此处 } e \in \mathrm{Out}(i)\text{。} \tag{7.2}$$

对于 $s \in S$,ω_s 虚通道终止的向量 $\boldsymbol{f}_{s(1)}, \boldsymbol{f}_{s(2)}, \cdots, \boldsymbol{f}_{s(\omega_s)}$ 在源代码 s 构成了子空间 W_s 的基底。 (7.3)

标量 $k_{d,e}$ 被称为相邻对(d, e)的局域编码核,而向量 $\boldsymbol{f}_e$ 称为通道 e 的整体编码核。

值得注意的是,在定义 7.1 中,所给的 $\omega_s, s \in S$,子空间$\{W_s\}$的特殊选择并不重要。选择 W_s 满足 $s \in S$ 并且所有虚通道 e 的 $\boldsymbol{f}_e$,后者形成了 F^{Ω} 自然基底,为了使定义通用并且便于后面讨论,不假定这个条件。实际上,像定义 7.1 的线性网络编码虽不满足这个条件,但可以通过线性转换很容易地转化成一个 F^{Ω} 自然基底。

引入式(7.4),当 $s \in S$ 时,有

$$\boldsymbol{f}_s = [\boldsymbol{f}_{s(1)} \boldsymbol{f}_{s(2)} \cdots \boldsymbol{f}_{s(\omega_s)}] \tag{7.4}$$

和 $E' \subset E$,有

$$\boldsymbol{f}_{E'} = [\boldsymbol{f}_e]_{e \in E'} \tag{7.5}$$

在式(7.5)中,矩阵元 $\boldsymbol{f}_e$ 被并列放置,本章将都采用这种转换。

定义 7.2 信息率元组:

$$\omega = \{\omega_s : s \in S\}$$

如果对于基本字段 F 是线性可实现的,存在一个 ω'维网络线性代码,$\omega' \geqslant \omega$(离散的),满足对于所有 $i \in T, s \in \beta(i)$,存在一个 $|\mathrm{In}(i)| \times \omega'_s$ 矩阵 $\boldsymbol{G}_i(s)$:

$$\boldsymbol{f}_s = \boldsymbol{f}_{\mathrm{In}(i)} \cdot \boldsymbol{G}_i(s) \tag{7.6}$$

矩阵$\boldsymbol{G}_i(s)$称为用于由源代码 s 产生的信息源的解码内核。

7.2 熵和秩函数

本节将建立熵和矩阵的秩函数之间的基本关系(见定理7.2)。这种关系有助于7.3节关于进一步探究多信源线性网络编码的渐近限制的讨论。

定理7.1 让F为有限域,$\boldsymbol{Y}$为Ω维任意行向量,并均匀分布在F^{Ω}上,$\boldsymbol{A}$是F值的$\Omega\times l$矩阵。使$\boldsymbol{Z}=\boldsymbol{g}(\boldsymbol{Y})$,此处$\boldsymbol{g}(\boldsymbol{Y})=\boldsymbol{Y}\cdot\boldsymbol{A}$,那么$H(Z)=\mathrm{rank}(\boldsymbol{A})\log_2|F|$。

证明:使$\boldsymbol{y}\in F^{\Omega}$和$\boldsymbol{z}\in F^{l}$是行向量。考虑相似公式系统:

$$\boldsymbol{y}\cdot\boldsymbol{A}=\boldsymbol{z}$$

$\boldsymbol{y}$是未知数,$\boldsymbol{z}$是固定的。$S_{\boldsymbol{z}}$表示特定$\boldsymbol{z}$的解集,容易得出S_0(0表示零向量)是F^{Ω}的线性子空间。

对于特定的$\boldsymbol{z}$,$S_{\boldsymbol{z}}$不确定是否为空。对于特定的$\boldsymbol{z}_1\in\mathrm{rang}(g)$,$\boldsymbol{z}_2\in\mathrm{rang}(g)$,也就是说$S_{\boldsymbol{z}_1}$和$S_{\boldsymbol{z}_2}$不为空,容易得出

$$S_{\boldsymbol{z}_1}\cap S_{\boldsymbol{z}_2}=\varnothing \tag{7.7}$$

现在考虑在F^{Ω}的向量和额外的向量成为一个群,然后S_0是F^{Ω}的子群。对于固定值$\boldsymbol{z}$,$S_{\boldsymbol{z}}$非空,考虑任何$\tilde{\boldsymbol{y}}\in S_{\boldsymbol{z}}$,那么很容易证明出

$$S_{\boldsymbol{z}}=\{\tilde{\boldsymbol{y}}+\boldsymbol{y}:\boldsymbol{y}\in S_0\}$$

这样$S_{\boldsymbol{z}}$是关于$\tilde{\boldsymbol{y}}$的S_0的陪集,用拉格朗日定理(见文献[175]),$|S_{\boldsymbol{z}}|=|S_0|$。对于所有$\boldsymbol{z}\in\mathrm{rang}(g)$,$|S_{\boldsymbol{z}}|$等于一个常数。

最后,对于所有的$\boldsymbol{z}\in\mathrm{rang}(g)$,有

$$\begin{aligned}\Pr\{Z=\boldsymbol{z}\}&=\Pr\{\boldsymbol{Y}\in S_{\boldsymbol{z}}\}\\&=\frac{|S_{\boldsymbol{z}}|}{|F|^{\Omega}}\\&=\frac{|S_0|}{|F|^{\Omega}}\end{aligned}$$

与$\boldsymbol{z}$无关。这样Z在rank(g)上均匀分布。因为range(g)是rank($\boldsymbol{A}$)中F^{l}子空间,满足

$$H(Z)=\log_2|F|^{\mathrm{rank}(\boldsymbol{A})}=\mathrm{rank}(\boldsymbol{A})\log_2|F| \qquad \square$$

在进一步讨论之前,可以先定义与Γ_N^{*}密切相关且在熵空间H_N中的区域,回顾

6.2.5 节中：

$$N=\{Y_s: s\in S; U_e: e\in E\}$$

Ω 是任意整数，且 $\Omega\geqslant 1$。对于每个 $e\in E$，联系任意可变的 U_e 一个非特定 Ω 维空间列向量，用符号 $\boldsymbol{v}_{U_e}$ 表示，对于每个 $s\in S$，关联任意变量 Y_s 一个非特定 $\Omega\times\omega_s$ 矩阵，用符号 $\boldsymbol{v}_{Y_s}$ 表示(这里 $\boldsymbol{v}_{Y_s}$ 被认为是 Ω 维列向量 ω_s 的集合)，利用这些非特定向量/矩阵会更加清晰。对于 $e\in Q_N$，使

$$v_{\mathbf{A}}=[v_{\mathbf{Z}}]_{\mathbf{Z}\in\mathbf{A}}$$

存在一个向量

$$\boldsymbol{h}=(\boldsymbol{h}_A: \mathbf{A}\in Q_N)$$

像式(6.46)定义的是有限基场 F 的一个秩函数，如果在 F 中存在列向量的集合 $\{\boldsymbol{v}_{\boldsymbol{Z}}: \boldsymbol{Z}\in N\}$，使

$$\boldsymbol{h}_A=\operatorname{rank}(\boldsymbol{v}_{\mathbf{A}}) \tag{7.8}$$

对于所有 $\mathbf{A}\in Q_N$，定义区域

$$\Psi_N^*=\{\boldsymbol{h}\in H_N: \boldsymbol{h}\text{ 是基场 }F\text{ 的一个秩函数且 }\Omega\geqslant 1\}$$

可知，线性和非线性代码间的渐进性能差别取决于表示秩函数差别的 Ψ_N^* 和 Γ_N^* 的 Ingleton 不等式。首先建立如下定理。

定理 7.2 $\operatorname{con}(\Psi_N^*)\subset\Gamma_N^*$，此处 $\operatorname{con}(\Psi_N^*)$ 表示 Ψ_N^* 凸包。

证明：考虑 $\boldsymbol{h}\in\Psi_N^*$，那么对于一些有限基场 F 和一些 $\Omega\geqslant 1$，存在向量 $\{\boldsymbol{v}_{\boldsymbol{Z}}: \boldsymbol{Z}\in N\}$ 的集合，满足式(7.8)使

$$\boldsymbol{Y}=\{\boldsymbol{Y}_1\boldsymbol{Y}_2\cdots\boldsymbol{Y}_\Omega\}$$

成为一个 Ω 维行向量，其中 $\boldsymbol{Y}_i$，$1\leqslant i\leqslant\Omega$ 是均匀分布在 F 的随机变量，所以 $\boldsymbol{Y}$ 也均匀分布在 F^Ω。定义随机变量

$$\boldsymbol{Z}=\boldsymbol{Y}\cdot\boldsymbol{v}_{\boldsymbol{Z}}$$

$\boldsymbol{Z}\in N$，和所有 $\mathbf{A}\in Q_N$，有

$$[\boldsymbol{Z}]_{i\in N}=\boldsymbol{Y}\cdot\boldsymbol{v}_{\boldsymbol{Z}}$$

然后通过定理 7.1，

$$H(Z: Z\in\mathbf{A})=\operatorname{rank}(\boldsymbol{v}_{\mathbf{A}})\log_2|F| \tag{7.9}$$

根据式(7.8)和式(7.9)，可以得出

$$\boldsymbol{h}_A=\operatorname{rank}(\boldsymbol{v}_{\mathbf{A}})=(\log_2|F|)^{-1}H(\boldsymbol{Z}:\boldsymbol{Z}\in\mathbf{A})$$

或

$$(\log_2|F|)\boldsymbol{h}_A = H(\boldsymbol{Z}:\boldsymbol{Z}\in\boldsymbol{A})$$

这表明$(\log_2|F|)\boldsymbol{h}$是一个熵函数，或者

$$(\log_2|F|)\boldsymbol{h}\in\Gamma_N^*$$

因为$\bar{\Gamma}_N^*$是凸锥，有

$$\boldsymbol{h}\in\bar{\Gamma}_N^*$$

所以，可以得出

$$\Psi_N^*\subset\bar{\Gamma}_N^*$$

将凸包带入上式完成定理的证明。 □

7.3　非线性编码具有更好的渐近性吗？

回顾一下式子：

$$\boldsymbol{f}_{E'} = [\boldsymbol{f}_e]_{e\in E'}$$

对于$E'\subset E$并引入类似的符号：

$$\boldsymbol{f}_{S'} = [\boldsymbol{f}_s]_{s\in S'}$$

$S'\subset S$。根据定义7.1中的线性代码，观察到假设定义7.1等于

$$\text{rank}(\boldsymbol{f}_S) = \sum_{s\in S}\text{rank}(\boldsymbol{f}_s)$$

而条件式(7.2)等同于

$$\text{rank}(\boldsymbol{f}_{\text{In}(i)\cup\text{Out}(i)}) = \text{rank}(\boldsymbol{f}_{\text{In}(i)})$$

进一步，定义7.2的式子中，式(7.6)中规定的解码要求等同于

$$\text{rank}(\boldsymbol{f}_{\beta(i)\cup\text{Out}(i)}) = \text{rank}(\boldsymbol{f}_{\text{In}(i)})$$

使$\boldsymbol{v}_{Y_s} = \boldsymbol{f}_s$。

对于$s\in S$，有

$$\boldsymbol{v}_{U_e} = \boldsymbol{f}_e$$

对于$e\in E$，根据定义7.1和定义7.2以及前述内容，可以得出信息率元组ω是线性可实现的条件，当且仅当对于有限基场F，存在Ω维列向量$\{\boldsymbol{v}_{\boldsymbol{Z}}:\boldsymbol{Z}\in N\}$的集合，这里$\Omega=\sum_{s\in S}\omega_s$，满足如下条件：

$$\mathrm{rank}(\boldsymbol{v}_{Y_S})=\sum_{s\in S}\mathrm{rank}(\boldsymbol{v}_{Y_s}) \tag{7.10}$$

$$\mathrm{rank}(\boldsymbol{v}_{Y_s})\geqslant \omega_s,\quad s\in S \tag{7.11}$$

$$\mathrm{rank}(\boldsymbol{v}_{U_{\mathrm{Out}(s)}\cup Y_s})=\mathrm{rank}(\boldsymbol{v}_{Y_s}),\quad s\in S \tag{7.12}$$

$$\mathrm{rank}(\boldsymbol{v}_{U_{\mathrm{In}(i)\cup \mathrm{Out}(i)}})=\mathrm{rank}(\boldsymbol{v}_{U_{\mathrm{In}(i)}}),\quad i\in V\backslash S \tag{7.13}$$

$$\mathrm{rank}(\boldsymbol{v}_{U_e})\leqslant 1,\quad e\in E \tag{7.14}$$

$$\mathrm{rank}(\boldsymbol{v}_{Y_{\beta(i)}\cup U_{\mathrm{In}(i)}})=\mathrm{rank}(\boldsymbol{v}_{U_{\mathrm{In}(i)}}),\quad i\in T \tag{7.15}$$

换句话说,存在 $\boldsymbol{h}\in\Psi_N^*$ 满足如下条件:

$$\boldsymbol{h}_{Y_S}=\sum_{s\in S}\boldsymbol{h}_{Y_s} \tag{7.16}$$

$$\boldsymbol{h}_{Y_s}\geqslant \omega_s,\quad s\in S \tag{7.17}$$

$$\boldsymbol{h}_{U_{\mathrm{Out}(s)}|Y_s}=0,\quad s\in S \tag{7.18}$$

$$\boldsymbol{h}_{U_{\mathrm{Out}(i)}\cup U_{\mathrm{In}(i)}}=0,\quad i\in V\backslash S \tag{7.19}$$

$$\boldsymbol{h}_{U_e}\leqslant 1,\quad e\in E \tag{7.20}$$

$$\boldsymbol{h}_{Y_{\beta(i)}|U_{\mathrm{In}(i)}}=0,\quad i\in T \tag{7.21}$$

这里有式(7.18)、式(7.19)和式(7.21),是因为这些式子等价于

$$\boldsymbol{h}_{U_{\mathrm{Out}(s)}\cup Y_s}=\boldsymbol{h}_{Y_s}$$

$$\boldsymbol{h}_{U_{\mathrm{Out}(i)\cup \mathrm{In}(i)}}=\boldsymbol{h}_{U_{\mathrm{In}(i)}}$$

且

$$\boldsymbol{h}_{Y_{\beta(i)}\cup U_{\mathrm{In}(i)}}=\boldsymbol{h}_{U_{\mathrm{In}(i)}}$$

分别对应式(7.12)、式(7.13)和式(7.15)。如果允许线性代码的分时,那么可以用 $\mathrm{con}(\Psi_N^*)$ 简单替换 Ψ_N^*。上述讨论可以总结为如下定义和定理。

定义 7.4 使 R_{linear} 为所有信息速率元组的集合 ω,使得存在 $\boldsymbol{h}\in\mathrm{con}(\Psi_N^*)$ 满足式(7.16)和式(7.21)。

定理 7.3 一个信息速率元组通过线性代码的分时,并定义在不同特征的基场,当且仅当 $\omega\in R_{\mathrm{linear}}$ 时可以获得。

在式(6.58),式(7.16)~式(7.21)中设置 $R_e=1$ 与式(6.54)~式(6.59)完全相同。引用定理 7.2,可以看到

$$R_{\mathrm{linear}}\subset R_{\mathrm{out}}$$

是可期待的。

当区域 R_{linear} 表示 $\text{con}(\Psi_N^*)$ 时，区域 R_{in} 和 R_{out} 分别表示 Γ_N^* 和 $\bar{\Gamma}_N^*$。让 A 和 B 是任意向量集合。众所周知，秩函数满足以下性质：

(1) $0 \leqslant \text{rank}(A) \leqslant |A|$。

(2) $\text{rank}(A) \leqslant \text{rank}(B)$ 若 $A \subset B$。

(3) $\text{rank}(A) + \text{rank}(B) \geqslant \text{rank}(A \cup B) + \text{rank}(A \cap B)$。

此外，秩函数也满足 ingleton 不等式[181]：

对于任意向量 A_i 的集合，$i=1,2,3,4$，有

$$\text{rank}(A_{13}) + \text{rank}(A_{14}) + \text{rank}(A_{23}) + \text{rank}(A_{24}) + \text{rank}(A_{34}) \geqslant$$
$$\text{rank}(A_3) + \text{rank}(A_4) + \text{rank}(A_{12}) + \text{rank}(A_{134}) + \text{rank}(A_{234})$$

其中，A_{13} 表示 $A_1 \cup A_3$ 等。

文献[215]表明，存在 4 个随机变量的熵函数，它们不满足熵函数相应的 ingleton 不等式。如此隐含的 $\text{con}(\Psi_N^*)$ 和 Γ_N^* 之间的间隙表明，对于某些多源网络编码问题，R_{Out} 可以严格大于 R_{Linear}，为非线性代码渐近优于线性代码开启了可能。

事实上，关于非线性代码可以优于线性代码的报道屡见不鲜[168,169,196,197,199]。特别是，文献[169]中的研究表明存在多源网络编码问题，是由于非线性代码可以优于普通形式的线性代码，包括这里提到的线性代码混合。这表明确实存在 R_{Linear} 和 R_{Out} 的差异。

致　谢

感谢钟炳光和谢伟霆的有益讨论，感谢萧伟浩将部分手稿从 word 转换成 LATEX。还要感谢 Ken Zeger 在文献[169]中澄清了他们的结果。杨瑞文和李波的工作部分由中国香港特别行政区研究资助局资助(研究资助项目编号：CUHK4214/03E 和 14005)。

参考文献

［1］ R. W. Yeung,"Multilevel diversity coding with distortion," IEEE Trans. Inform. Theory, IT-41: 412-422, 1995.

［2］ K. P. Hau, "Multilevel diversity coding with independent data streams," M. Phil. thesis, The Chinese University of Hong Kong, Jun, 1995.

［3］ J. R. Roche, R. W. Yeung, and K. P. Hau, "Symmetrical multilevel diversity coding," IEEE Trans. Inform. Theory, IT-43: 1059-1064, 1997.

［4］ R. Ahlswede, N. Cai, and R. W. Yeung, "Network information flow theory," 1998 IEEE International Symposium on Information Theory, MIT, Aug 16-21, 1998.

［5］ S.-Y. R. Li and R. W. Yeung, "Network multicast flow via linear coding," International Symposium on Operations Research and its Applications (ISORA 98), Kunming, China, pp. 197-211, Aug 1998.

［6］ R. W. Yeung and Z. Zhang, "On symmetrical multilevel diversity coding," IEEE Trans. Inform. Theory, IT-45: 609-621, 1999.

［7］ R. W. Yeung and Z. Zhang, "Distributed source coding for satellite communications," IEEE Trans. Inform. Theory, IT-45: 1111-1120, 1999.

［8］ S.-Y. R. Li and R. W. Yeung, "Single-source network information flow," 1999 IEEE Information Theory Workshop, Metsovo, Greece, Jun 27-Jul 1, 1999.

［9］ R. Ahlswede, N. Cai, S.-Y. R. Li, and R. W. Yeung, "Network information flow," IEEE Trans. Inform. Theory, IT-46: 1204-1216, 2000.

［10］ R. Koetter and M. Medard, "An algebraic approach to network coding and robust networks," 2001 IEEE International Symposium on Information Theory, Washington, DC, Jun 24-29, 2001.

［11］ T. Ho, M. Medard and R. Koetter, "A coding view of network recovery and managment for single receiver communication," 2002 Conference on Information Science and Systems, Princeton University, Mar 20-22, 2002.

［12］ R. Koetter and M. Medard, "Beyond Routing: An algebraic approach to network coding," INFOCOM 2002, New York, NY, USA, Jun 23-27, 2002.

［13］ S. Borade, "Network information flow: Limits and achievability," 2002 IEEE International Symposium on Information Theory, Lausanne, Switzerland, Jun 30-Jul 5, 2002.

［14］ N. Cai and R. W. Yeung, "Secure network coding," 2002 IEEE International Symposium on Information Theory, Lausanne, Switzerland, Jun 30-Jul 5, 2002.

［15］ N. Cai and R. W. Yeung, "Network coding and error correction," 2002 IEEE Information Theory Workshop, Bangalore, India, Oct 20-25, 2002.

［16］ S.-Y. R. Li, R. W. Yeung and N. Cai, "Linear network coding," IEEE Trans. Inform. Theory, IT-49: 371-381, 2003.

[17] M. Effros, M. Medard, T. Ho, S. Ray, D. Karger, R. Koetter, "Linear network codes: A unified framework for source, channel, and network coding," DIMACS workshop on Network Information Theory, Mar 2003.

[18] T. Ho, M. Medard, and R. Koetter, "An information theoretic view of network management," INFOCOM 2003, San Francisco, CA, USA, Mar 30-Apr 3, 2003.

[19] E. Erez and M. Feder, "Capacity region and network codes for two receivers multicast with private and common data," Workshop on Coding, Cryptogra-phy and Combinatorics, 2003.

[20] T. Noguchi, T. Matsuda, M. Yamamoto, "Performance evaluation of new multicast architecture with network coding," IEICE Trans. Comm., vol. E86-B, 1788-1795, 2003.

[21] P. Sanders, S. Egner, and L. Tolhuizen, "Polynomial time algorithms for network information flow," 15th ACM Symposium on Parallelism in Algorithms and Architectures, San Diego, CA, Jun 7-9, 2003.

[22] T. Ho, D. Karger, M. Medard, and R. Koetter, "Network coding from a network flow perspective," 2003 IEEE International Symposium on Information Theory, Yokohama, Japan, Jun 29-Jul 4, 2003.

[23] T. Ho, R. Koetter, M. Medard, D. Karger, and M. Effros, "The benefits of coding over routing in a randomized setting," 2003 IEEE International Symposium on Information Theory, Yokohama, Japan, Jun 29-Jul 4, 2003.

[24] P. A. Chou, Y. Wu, and K. Jain, "Practical network coding," 41st Annual Allerton Conference on Communication, Control, and Computing, Monticello, IL, Oct 2003.

[25] E. Erez and M. Feder, "On codes for network multicast," 41st Annual Allerton Conference on Communication, Control, and Computing, Monticello, IL, Oct 2003.

[26] M. Feder, D. Ron, A. Tavory, "Bounds on linear codes for network multicast," Electronic Colloquium on Computational Complexity (ECCC) 10(033):(2003).

[27] T. Ho, M. Medard, J. Shi, M. Effros, and D. R. Karger, "On randomized network coding," 41st Annual Allerton Conference on Communication Control and Computing, Monticello, IL, Oct 2003.

[28] R. Koetter and M. M'edard, "An algebraic approach to network coding," IEEE/ACM Trans. Networking, vol. 11, 782-795, 2003.

[29] A. Rasala-Lehman and E. Lehman, "Complexity classification of network information flow problems," 41st Annual Allerton Conference on Communication Control and Computing, Monticello, IL, Oct 2003.

[30] M. Medard, M. Effros, T. Ho, and D. Karger, "On coding for non-multicast networks," 41st Annual Allerton Conference on Communication Control and Computing, Monticello, IL, Oct 2003.

[31] A. Ramamoorthy, J. Shi, and R. Wesel, "On the capacity of network coding for wireless networks," 41st Annual Allerton Conference on Communication Control and Computing, Monticello, IL, Oct 2003.

[32] P. Sanders, S. Egner, and L. Tolhuizen, "Polynomial time algorithms for the construction of multicast network codes," 41st Annual Allerton Conference on Communication Control and Computing, Monticello, IL, Oct 2003.

[33] S. Riis,"Linear versus non-linear Boolean functions in Network Flow," preprint,Nov 2003.

[34] L. Song,R. W. Yeung and N. Cai,"Zero-error network coding for acyclic networks," IEEE Trans. Inform. Theory,IT-49：3129-3139,2003.

[35] A. Lehman and E. Lehman "Complexity classification of network information flow problems," ACM-SIAM Symposium on Discrete Algorithms,New Orleans,LA,Jan 11-13,2004.

[36] Y. Zhu,B. Li, J. Guo, "Multicast with network coding in application-layer overlay networks," IEEE J. Selected Areas Comm. (special issue on Service Overlay Networks), vol. 22, 107-120,2004.

[37] K. Jain,"Security based on network topology against the wiretapping attack," IEEE Wireless Comm. ,68-71,Feb 2004.

[38] S. Deb,C. Choute, M. Medard, and R. Koetter, "Data harvesting：A random coding approach to rapid dissemination and efficient storage of data," IEEE INFOCOM 2005,Miami,FL,USA,Mar 13-17,2005.

[39] R. Dougherty,C. Freiling, and K. Zeger, "Linearity and solvability in multicast networks," 38th Annual Conference on Information Sciences and Systems,Princeton,NJ,Mar 17-19,2004.

[40] C. Fragouli,E. Soljanin, A. Shokrollahi, "Network coding as a coloring problem," 38th Annual Conference on Information Sciences and Systems,Princeton,NJ,Mar 17-19,2004.

[41] T. Ho,M. Medard,M. Effros,R. Koetter,"Network coding for correlated sources," 38th Annual Conference on Information Sciences and Systems,Princeton,NJ,Mar 17-19,2004.

[42] Z. Li,B. Li,"Network coding in undirected networks," 38th Annual Conference on Information Sciences and Systems,Princeton,NJ,Mar 17-19,2004.

[43] D. S. Lun,N. Ratnakar,R. Koetter,M. Medard,E. Ahmed, and H. Lee,"Achieving minimum-cost Multicast：A decentralized approach based on network coding," IEEE INFOCOM 2005,Miami, FL,USA,Mar 13-17,2005.

[44] Y. Wu,P. A. Chou, Q. Zhang, K. Jain, W. Zhu, and S.-Y. Kung, "Achievable throughput for multiple multicast sessions in wireless ad hoc networks,"submitted to IEEE Globecom 2004.

[45] S. Deb and M. Medard,"Algebraic Gossip：A network coding approach to optimal multiple rumor mongering," preprint.

[46] D. Lun,M. Medard,T. Ho, and R. Koetter,"Network coding with a cost criterion," MIT LIDS TECHNICAL REPORT P-2584,Apr 2004.

[47] Z. Li,B. Li, D. Jiang, and L. C. Lau, "On achieving optimal end-to-end throughput in data networks：Theoretical and empirical studies," Technical Report, University of Toronto, May 2004.

[48] S. Che and X. Wang, "Network coding in wireless network," 16th International Conference on Computer Communication,China,2004.

[49] E. Erez and M. Feder,"Convolutional network codes," 2004 IEEE International Symposium on Information Theory,Chicago,IL,Jun 27-Jul 2,2004.

[50] C. Fragouli and E. Soljanin, "Required alphabet size for linear network coding," 2004 IEEE International Symposium on Information Theory,Chicago,IL,USA,Jun 27-Jul 2.

[51] C. Fragouli and E. Soljanin, "A connection between network coding and convolutional codes," IEEE International Conference on Communications, Paris, France, Jun 20-24, 2004.

[52] T. Ho, B. Leong, M. Medard, R. Koetter, Y. Chang, and M. Effros, "On the utility of network coding in dynamic environments," International Workshop on Wireless Ad-hoc Networks (IWWAN), University of Oulu, Finland, May 31-Jun 3, 2004.

[53] T. Ho, B. Leong, R. Koetter, M. Medard, M. Effros, and D. R. Karger, "Byzantine modification detection in multicast networks using randomized network coding," 2004 IEEE International Symposium on Information Theory, Chicago, IL, Jun 27-Jul 2, 2004.

[54] G. Kramer and S. A. Savari, "Cut sets and information flow in networks of two-way channels," 2004 IEEE International Symposium on Information Theory, Chicago, IL, Jun 27-Jul 2, 2004.

[55] C. K. Ngai and R. W. Yeung, "Multisource network coding with two sinks," International Conference on Communications, Circuits and Systems (ICC-CAS), Chengdu, China, Jun 27-29, 2004.

[56] Y. Wu, P. A. Chou, K. Jain, "A comparison of network coding and tree pack-ing," 2004 IEEE International Symposium on Information Theory, Chicago, IL, Jun 27-Jul 2, 2004.

[57] Y. Cui, Y. Xue, and K. Nahrstedt, "Optimal distributed multicast routing using network coding: Theory and applications," preprint UIUCDCS-R-2004-2473, University of Illinois, Urbana-Champaign, Aug 2004.

[58] Y. Wu, P. A. Chou, and S.-Y. Kung, "Information exchange in wireless networks with network coding and physical-layer broadcast," Microsoft Technical Report, MSR-TR-2004-78, Aug 2004.

[59] J. Feldman, T. Malkin, C. Stein, and R. A. Servedio, "On the capacity of secure network coding," 42nd Annual Allerton Conference on Communication, Control, and Computing, Sept 29-Oct 1, 2004.

[60] C. Fragouli and E. Soljanin, "On average throughput benefit for network coding," 42nd Annual Allerton Conference on Communication, Control, and Computing, Sept 29-Oct 1, 2004.

[61] N. Harvey, R. Kleinberg, and A. Lehman, "Comparing network coding with multicommodity flow for the k-pairs communication problem," MIT LCS Technical Report 964, Sept 28, 2004.

[62] S. Jaggi, M. Effros T. C. Ho, and M. Medard, "On linear network coding," 42nd Annual Allerton Conference on Communication, Control, and Computing, Sept 29-Oct 1, 2004.

[63] D. S. Lun, M. Medard, and M. Effros, "On coding for reliable communication over packet networks," 42nd Annual Allerton Conference on Communication, Control, and Computing, Sept 29-Oct 1, 2004.

[64] A. Ramamoorthy, K. Jain, P. A. Chou, and M. Effros, "Separating distributed source coding from network coding," 42nd Annual Allerton Conference on Communication, Control, and Computing, Sept 29-Oct 1, 2004.

[65] Y. Wu, K. Jain, and S.-Y. Kung, "A unification of Edmonds' graph theorem and Ahlswede et al's network coding theorem," 42nd Annual Allerton Conference on Communication, Control, and Computing, Sept 29-Oct 1, 2004.

[66] A. Argawal and M. Charikar, "On the advantage of network coding for improving network

throughput," 2004 IEEE Information Theory Workshop, San Antonio, Oct 25-29, 2004.

[67] R. Dougherty, C. Freiling, and K. Zeger, "Linearity and solvability in multicast networks," IEEE Trans. Inform. Theory, IT-50: 2243-2256, 2004.

[68] C. Fragouli and E. Soljanin, "Decentralized network coding," 2004 IEEE Information Theory Workshop, San Antonio, Oct 25-29, 2004.

[69] J. Han and P. H. Siegel, "Reducing acyclic network coding problems to single transmitter-single-demand form," 42nd Allerton Conference on Communication, Control, and Computing, Monticello, IL, Spet 29-Oct 1, 2004.

[70] D. S. Lun, M. Medard, T. Ho , and R. Koetter, "Network coding with a cost criterion," International Symposium on Information Theory and its Applications, Parma, Italy, Oct 10-13, 2004.

[71] C. K. Ngai and R. W. Yeung, "Network coding gain of combination networks," 2004 IEEE Information Theory Workshop, San Antonio, Oct 25-29, 2004.

[72] D. Tuninetti and C. Fragouli, "Processing along the way: Forwarding vs. Coding," International Symposium on Information Theory and its Applications, Parma, Italy, Oct 10-13, 2004.

[73] Y. Wu, P. A. Chou, and S.-Y. Kung, "Minimum-energy multicast in mobile ad hoc networks using network coding," 2004 IEEE Information Theory Workshop, San Antonio, Oct 25-29, 2004.

[74] R. W. Yeung, "Two approaches to quantifying the bandwidth advantage of network coding," presented at 2004 IEEE Information Theory Workshop, San Antonio, Oct 25-29, 2004.

[75] S. C. Zhang, I. Koprulu, R. Koetter, and D. L. Jones, "Feasibility analysis of stochastic sensor networks," IEEE International Conference on Sensor and Ad hoc Communications and Networks, Santa Clara, CA, USA, Oct 4-7, 2004.

[76] N. Harvey, D. Karger, and K. Murota, "Deterministic network coding by matrix completion," ACM-SIAM Symposium on Discrete Algorithms (SODA), Vancouver, British Columbia, Canada, Jan 23-25, 2005.

[77] M. Langberg, A. Sprintson and J. Bruck, "The encoding complexity of network coding," ETR063, California Institute of Technology.

[78] A. R. Lehman and E. Lehman, "Network coding: Does the model need tuning?" ACM-SIAM Symposium on Discrete Algorithms (SODA), Vancouver, British Columbia, Canada, Jan 23-25, 2005.

[79] Y. Wu, P. A. Chou, Q. Zhang, K. Jain, W. Zhu, and S.-Y. Kung, "Network planning in wireless ad hoc networks: a cross-layer approach," IEEE J. Selected Areas Comm. (Special Issue on Wireless Ad Hoc Networks), vol. 23, 136-150, 2005.

[80] A. Rasala-Lehman, "Network coding," Ph. D. thesis, Massachusetts Institute of Technology, Department of Electrical Engineering and Computer Science, Feb 2005.

[81] X. B. Liang, "Matrix games in the multicast networks: Maximum information flows with network switching," revised version (original version: Mar 2005), preprint.

[82] Y. Wu, P. A. Chou, S.-Y. Kung, "Information exchange in wireless networks with network coding and physical-layer broadcast," 2005 Conference on Information Science and Systems, Johns

Hopkins University, Mar 16-18, 2005.

[83] Y. Wu and S.-Y. Kung, "Reduced-complexity network coding for multicasting over ad hoc networks," IEEE International Conference on Acoustics, Speech, and Signal Processing (ICASSP), Philadelphia, PA, USA, Mar 18-23, 2005.

[84] S. Aceda' nski, S. Deb, M. Medard, and R. Koetter, "How good is random linear coding based distributed networked storage?" NetCod 2005, Riva del Garda, Italy, Apr 7, 2005.

[85] K. Bhattad and K. R. Nayayanan, "Weakly secure network coding," NetCod 2005, Riva del Garda, Italy, Apr 7, 2005.

[86] T. Coleman, M. Medard, and M. Effros, "Practical universal decoding for combined routing and compression in network coding," NetCod 2005, Riva del Garda, Italy, Apr 7, 2005.

[87] A. G. Dimakis, V. Prabhakaran, and K. Ramchandran, "Ubiquitous access to distributed data in large-scale sensor networks through decentralized erasure codes," The Fourth International Symposium on Information Processing in Sensor Networks (IPSN'05), UCLA, Los Angeles, CA, Apr 25-27, 2005.

[88] E. Erez and M. Feder, "Convolutional network codes for cyclic networks," NetCod 2005, Riva del Garda, Italy, Apr 7, 2005.

[89] T. Ho, B. Leong, R. Koetter, M. Medard, "Distributed asynchronous algorithms for multicast network coding," NetCod 2005, Riva del Garda, Italy, Apr 7, 2005.

[90] T. Ho, M. Medard, and R. Koetter, "An information theoretic view of network management," IEEE Trans. Inform. Theory, IT-51: 1295-1312, 2005.

[91] R. Khalili and K. Salamatian, "On the capacity of multiple input erasure relay channels," NetCod 2005, Riva del Garda, Italy, Apr 7, 2005.

[92] D. S. Lun, M. Medard, D. Karger, "On the dynamic multicast problem for coded networks," NetCod 2005, Riva del Garda, Italy, Apr 7, 2005.

[93] D. Petrovi'c, K. Ramchandran, and J. Rabaey, "Overcoming untuned radios in wireless networks with network coding," NetCod 2005, Riva del Garda, Italy, Apr 7, 2005.

[94] N. Ratnakar and G. Kramer, "The multicast capacity of acyclic, deterministic, relay networks with no interference," NetCod 2005, Riva del Garda, Italy, Apr 7, 2005.

[95] S. Riis and R. Alswede, "Problems in network coding and error correcting codes," NetCod 2005, Riva del Garda, Italy, Apr 7, 2005.

[96] Y. Sagduyu and A. Ephremides, "Joint scheduling and wireless network coding," NetCod 2005, Riva del Garda, Italy, Apr 7, 2005.

[97] J. Widmer, C. Fragouli, and J.-Y. Le Boudec, "Energy-efficient broadcasting in wireless ad-hoc networks," NetCod 2005, Riva del Garda, Italy, Apr 7, 2005.

[98] Y. Wu, V. Stankovic, Z. Xiong, and S.-Y. Kung, "On practical design for joint distributed source and network coding," NetCod 2005, Riva del Garda, Italy, Apr 7, 2005.

[99] X. Yan, J. Yang, and Z. Zhang, "An improved outer bound for multisource multisink network coding," NetCod 2005, Riva del Garda, Italy, Apr 7, 2005.

[100] C. Gkantsidis and P. R. Rodriguez, "Network coding for large scale content distribution," IEEE

INFOCOM 2005, Miami, FL, Mar 13-17, 2005.

[101] S. Jaggi, P. Sanders, P. A. Chou, M. Effros, S. Egner, K. Jain, and L. Tolhuizen, "Polynomial time algorithms for multicast network code construction," IEEE Trans. Inform. Theory, IT 51: 1973-1982, 2005.

[102] Y. Wu, M. Chiang, and S.-Y. Kung, "Distributed utility maximization for network coding based multicasting: a critical cut approach," submitted to IEEE INFOCOM 2006.

[103] Y. Wu and S.-Y. Kung, "Distributed utility maximization for network coding based multicasting: a shorted path approach," submitted to IEEE INFOCOM 2006.

[104] K. K. Chi and X. M. Wang, "Analysis of network error correction based on network coding," IEE Proc. Commun., vol. 152, No. 4, 393-396, 2005.

[105] R. Dougherty, C. Freiling, and K. Zeger, "Insufficiency of linear coding in network information flow," IEEE Trans. Inform. Theory, IT-51: 2745-2759, 2005.

[106] H. Wang, P. Fan, and Z. Cao, "On the statistical properties of maximum flows based on random graphs," IEEE 2005 International Symposium on Microwave, Antenna, Propagation and EMC Technologies for Wireless Communications, Beijing, China, Aug 8-12, 2005.

[107] J. Widmer and J.-Y. Le Boudec, "Network coding for efficient communication in extreme networks," Workshop on Delay Tolerant Networking and Related Topics (WDTN-05), Philadelphia, PA, USA, Aug 22-26, 2005.

[108] X. Bao and J. (T). Li, "Matching code-on-graph with network-on-graph: Adaptive network coding for wireless relay networks," 43rd Allerton Conference on Communication, Control, and Computing, Monticello, IL, Sept 28-30, 2005.

[109] K. Bhattad, N. Ratnakar, R. Koetter, and K. R. Narayanan, "Minimal network coding for multicast," 2005 IEEE International Symposium on Information Theory, Adelaide, Australia, Sept 4-9, 2005.

[110] Y. Cassuto and J. Bruck, "Network coding for nonuniform demands," 2005 IEEE International Symposium on Information Theory, Adelaide, Australia, Sept 4-9, 2005.

[111] T. H. Chan, "On the optimality of group network codes," 2005 IEEE International Symposium on Information Theory, Adelaide, Australia, Sept 4-9, 2005.

[112] C. Chekuri, C. Fragouli, and E. Soljanin, "On average throughput and alphabet size in network coding," 2005 IEEE International Symposium on Information Theory, Adelaide, Australia, Sept 4-9, 2005.

[113] S. Deb, M. Medard, and C. Choute, "On random network coding based information dissemination," 2005 IEEE International Symposium on Information Theory, Adelaide, Australia, Sept 4-9, 2005.

[114] R. Dougherty, C. Freiling, and K. Zeger, "Insufficiency of linear coding in network information flow," 2005 IEEE International Symposium on Information Theory, Adelaide, Australia, Sept 4-9, 2005.

[115] R. Dougherty and K. Zeger, "Nonreversibility of multiple unicast networks," 43rd Allerton Conference on Communication, Control, and Computing, Monticello, IL, Sept 28-30, 2005.

[116] E. Erez and M. Feder, "Efficient network codes for cyclic networks," 2005 IEEE International Symposium on Information Theory, Adelaide, Australia, Sept 4-9, 2005.

[117] C. Fragouli and A. Markopoulou, "A network coding approach to network monitoring," 43rd Allerton Conference on Communication, Control, and Computing, Monticello, IL, Sept 28-30, 2005.

[118] N. Harvey and R. Kleinberg, "Tighter cut-based bounds for k-pairs communication problems," 43rd Allerton Conference on Communication, Control, and Computing, Monticello, IL, Sept 28-30, 2005.

[119] C. Hausl, F. Schreckenbach, I. Oikonomidis, and G. Bauch, "Iterative network and channel decoding on a Tanner graph," 43rd Allerton Conference on Communication, Control, and Computing, Monticello, IL, Sept 28-30, 2005.

[120] T. Ho, B. Leong, Y.-H. Chang, Y. Wen, and R. Koetter, "Network monitoring in multicast networks using network coding," 2005 IEEE International Symposium on Information Theory, Adelaide, Australia, Sept 4-9, 2005.

[121] T. Ho and H. Viswanathan, "Dynamic algorithms for multicast with intrasession network coding," 43rd Allerton Conference on Communication, Control, and Computing, Monticello, IL, Sept 28-30, 2005.

[122] K. Jain, "On the power (saving) of network coding," 43rd Allerton Conference on Communication, Control, and Computing, Monticello, IL, Sept 28-30, 2005.

[123] S. Katti, D. Katabi, W. Hu, and R. Hariharan, "The importance of being opportunistic: Practical network coding for wireless environments," 43rd Allerton Conference on Communication, Control, and Computing, Monticello, IL, Sept 28-30, 2005.

[124] G. Kramer and S. Savari, "Progressive d-separating edge set bounds on network coding rates," 2005 IEEE International Symposium on Information Theory, Adelaide, Australia, Sept 4-9, 2005.

[125] M. Langberg, A. Sprintson, and J. Bruck, "The encoding complexity of network coding," 2005 IEEE International Symposium on Information Theory, Adelaide, Australia, Sept 4-9, 2005.

[126] A. Lee and M. Medard, "Simplified random network codes for multicast networks," 2005 IEEE International Symposium on Information Theory, Adelaide, Australia, Sept 4-9, 2005.

[127] S.-Y. R. Li, N. Cai, and R. W. Yeung, "On theory of linear network coding," 2005 IEEE International Symposium on Information Theory, Adelaide, Australia, Sept 4-9, 2005.

[128] R. W. Yeung and S-Y. R. Li, "Polynomial time construction of generic linear network codes," 43rd Allerton Conference on Communication, Control, and Computing, Monticello, IL, Sept 28-30, 2005.

[129] D. Lun, M. Medard, R. Koetter, and M. Effros, "Further results on coding for reliable communication over packet networks," 2005 IEEE International Symposium on Information Theory, Adelaide, Australia, Sept 4-9, 2005.

[130] N. Ratnakar and G. Kramer, "On the separation of channel and network coding in Aref networks," 2005 IEEE International Symposium on Information Theory, Adelaide, Australia, Sept 4-9, 2005.

[131] Y. Sagduyu and A. Ephremides, "Crosslayer design for distributed MAC and network coding in wireless ad hoc networks," 2005 IEEE International Symposium on Information Theory, Adelaide, Australia, Sept 4-9, 2005.

[132] X. Wu, B. Ma, and N. Sarshar, "Rainbow network problems and multiple description coding," 2005 IEEE International Symposium on Information Theory, Adelaide, Australia, Sept 4-9, 2005.

[133] Y. Xi and E. M. Yeh, "Distributed algorithms for minimum cost multicast with network coding," 43rd Allerton Conference on Communication, Control, and Computing, Monticello, IL, Sept 28-30, 2005.

[134] K. Cai and P. Fan, "An algebraic approach to link failures based on network coding," submitted to IEEE Trans. Inform. Theory.

[135] N. Cai and R. W. Yeung, "The Singleton bound for network error-correcting codes," 4th International Symposium on Turbo Codes and Related Topics, Munich, Germany, Apr 3-7, 2006.

[136] Y. Ma, W. Li, P. Fan, and X. Liu, "Queuing model and delay analysis on network coding," International Symposium on Communications and Information Technologies 2005, Beijing, China, Oct 12-14, 2005.

[137] R. W. Yeung, "Avalanche: A network coding analysis," preprint.

[138] Y. Wu, P. A. Chou, and S.-Y. Kung, "Minimum-energy multicast in mobile ad hoc networks using network coding," IEEE Trans. Comm. , vol. 53, 1906-1918, 2005.

[139] P. Fan, "Upper bounds on the encoding complexity of network coding with acyclic underlying graphs," preprint.

[140] J. Barros and S. D. Servetto, "Network Information Flow with Correlated Sources," IEEE Trans. Inform. Theory, IT-52: 155-170, 2006.

[141] Y. Wu, "Network coding for multicasting," Ph. D. Dissertation, Dept. of Electrical Engineering, Princeton University, Nov 2005.

[142] J. Cannons, R. Dougherty, C. Freiling, and K. Zeger, "Network Routing Capacity," IEEE Trans. Inform. Theory, IT-52: 777-788, 2006.

[143] C. Fragouli and E. Soljanin, "Information flow decomposition for network coding," IEEE Trans. Inform. Theory, IT-52: 829-848, 2006.

[144] A. L. Toledo and X. Wang, "Efficient multipath in sensor networks using diffusion and network coding," 40th Annual Conference on Information Sciences and Systems, Princeton University, NJ, USA, Mar 22-24, 2006.

[145] R. Dougherty, C. Freiling, and K. Zeger, "Unachievability of network coding capacity," to appear in IEEE Trans. Inform. Theory and IEEE/ACM Trans. Networking (joint special issue on Networking and Information Theory).

[146] R. Dougherty, C. Freiling, and K. Zeger, "Matroids, networks, and non-Shannon information inequalities," submitted to IEEE Trans. Inform. Theory.

[147] N. J. A. Harvey, R. Kleinberg and A. R. Lehman, "On the capacity of information networks," to appear in IEEE Trans. Inform. Theory and IEEE/ACM Trans. Networking (joint special issue on Networking and Information Theory).

[148] T. Ho, R. Koetter, M. Medard, M. Effros, J. Shi, and D. Karger, "Toward a random operation of networks," submitted to IEEE Trans. Inform. Theory.

[149] S. Riis, "Reversible and irreversible information networks" submitted.

[150] L. Song, R. W. Yeung and N. Cai, "A separation theorem for single-source network coding," to appear in IEEE Trans. Inform. Theory.

[151] X. Yan, J. Yang, and Z. Zhang, "An outer bound for multi-source multi-sink network coding with minimum cost consideration," to appear in IEEE Trans. Inform. Theory and IEEE/ACM Trans. Networking (joint special issue on Networking and Information Theory).

[152] R. W. Yeung and N. Cai, "Network error correction, Part Ⅰ, Basic concepts and upper bounds," to appear in Communications in Information and Systems.

[153] N. Cai and R. W. Yeung, "Network error correction, Part Ⅱ: Lower bounds," to appear in Communications in Information and Systems.

[154] S.-Y. R. Li and R. W. Yeung, "On the theory of linear network coding," submitted to IEEE Trans. Inform. Theory.

[155] S.-Y. R. Li and R. W. Yeung, "On convolutional network coding," submitted to IEEE Trans. Inform. Theory.

[156] Z. Zhang, "Network error correction coding in packetized networks," submitted to IEEE Trans. Inform. Theory.

[157] "Network Coding Homepage," http://www.networkcoding.info.

[158] R. Ahlswede, N. Cai, S.-Y. R. Li, and R. W. Yeung, "Network information flow," IEEE Trans. Inform. Theory, vol. IT-46, pp. 1204-1216, 2000.

[159] A. Argawal and M. Charikar, "On the advantage of network coding for improving network throughput," in 2004 IEEE Information Theory Workshop, (SanAntonio), Oct 25-29, 2004.

[160] T. Berger, "Multiterminal source coding," in The Information Theory Approach to Communications, (G. Longo, ed.), 1978. CISM Courses and Lectures # 229, Springer-Verlag, New York.

[161] E. R. Berlekamp, "Block coding for the binary symmetric channel with noiseless, delayless feedback," in Error Correcting Codes, (H. B. Mann, ed.), (Wiley, New York), 1968.

[162] R. E. Blahut, Theory and practice of error control codes. 1983.

[163] J. Byers, M. Luby, and M. Mitzenmacher, "A digital foundation approach to asynchronous reliable multicast," IEEE J. Selected Areas Comm., vol. 20, pp. 1528-1540, (A preliminary versin appeared in ACM SIGCOMM '98.), 2002.

[164] N. Cai and R. W. Yeung, "Network error correction, Part Ⅱ: Lower bounds," to appear in Communications in Information and Systems.

[165] N. Cai and R. W. Yeung, "Secure network coding," in 2002 IEEE International Symposium on Information Theory, (Lausanne, Switzerland), Jun 30-Jul 5, 2002.

[166] T. M. Cover and J. A. Thomas, Elements of information theory. 1991.

[167] R. Dougherty, C. Freiling, and K. Zeger, "Matroids, networks, and non-shannon information inequalities," submitted to IEEE Trans. Inform. Theory.

[168] R. Dougherty, C. Freiling, and K. Zeger, "Linearity and solvability in multicast networks," in 38th Annual Conference on Information Sciences and Systems, (Princeton, NJ), Mar 17-19, 2004.

[169] R. Dougherty, C. Freiling, and K. Zeger, "Insufficiency of linear coding in network information flow," IEEE Trans. Inform. Theory, vol. IT-51, pp. 2745-2759, 2005.

[170] E. Erez and M. Feder, "Capacity region and network codes for two receivers multicast with private and common data," in Workshop on Coding, Cryptog-raphy and Combinatorics, 2003.

[171] E. Erez and M. Feder, "Convolutional network codes," in 2004 IEEE International Symposium on Information Theory, (Chicago, IL), Jun 27-Jul 2, 2004.

[172] E. Erez and M. Feder, "Convolutional network codes for cyclic networks," in NetCod 2005, (Riva del Garda, Italy), Apr 7, 2005.

[173] C. Fragouli, J.-Y. L. Boudec, and J. Widmer, "Network Coding: An Instant Primer," http://algo.epfl.ch/christin/primer.ps.

[174] C. Fragouli and E. Soljanin, "A connection between network coding and convolutional codes," in IEEE International Conference on Communications, (Paris, France), pp. 20-24, Jun, 2004.

[175] J. B. Fraleigh, A first course in abstract algebra. 7th ed., 2003.

[176] C. Gkantsidis and P. R. Rodriguez, "Network coding for large scale content distribution," in IEEE INFOCOM 2005, (Miami, FL), Mar 13-17, 2005.

[177] K. P. Hau, Multilevel diversity coding with independent data streams. June 1995. M. Phil. thesis, The Chinese University of Hong Kong.

[178] S. Haykin, "Communications Systems," Wiley, 2001.

[179] T. Ho, R. Koetter, M. Medard, D. Karger, and M. Effros, "The benefits of coding over routing in a randomized setting," in 2003 IEEE International Symposium on Information Theory, (Yokohama, Japan), Jun 29-Jul 4, 2003.

[180] T. Ho, B. Leong, R. Koetter, M. Medard, M. Effros, and D. R. Karger, "Byzantine modification detection in multicast networks using randomized network coding," in 2004 IEEE International Symposium on Information Theory, (Chicago, IL), Jun 27-Jul 2, 2004.

[181] A. W. Ingleton, "Representation of matroids," in Combinatorial Mathematics and its Applications, (D. J. A. Welsh, ed.), (London), pp. 149-167, Academic Press, 1971.

[182] C. Intanagonwiwat, R. Govindan, and D. Estrin, "Directed diffusion: A scalable and robust communication paradigm for sensor networks," in 6th Annual International Conference on Mobile Computing and Networking (Mobicom 2000), (Boston, MA, USA), Aug 6-11, 2000.

[183] S. Jaggi, P. Sanders, P. A. Chou, M. Effros, S. Egner, K. Jain, and L. Tolhuizen, "Polynomial time algorithms for multicast network code construction," IEEE Trans. Inform. Theory, vol. IT-51, pp. 1973-1982, 2005.

[184] R. Koetter and M. Médard, "An algebraic approach to network coding," IEEE/ACM Trans. Networking, vol. 11, pp. 782-795, 2003.

[185] G. Kramer and S. A. Savari, "Cut sets and information flow in networks of two-way channels," in 2004 IEEE International Symposium on Information Theory, (Chicago, IL), Jun 27-Jul

2,2004.

[186] S.-Y. R. Li and R. W. Yeung, "On Convolutional Network Coding," submitted to IEEE Trans. Inform. Theory.

[187] S.-Y. R. Li and R. W. Yeung, "On the Theory of Linear Network Coding," submitted to IEEE Trans. Inform. Theory.

[188] S.-Y. R. Li, R. W. Yeung, and N. Cai, "Linear network coding," IEEE Trans. Inform. Theory, vol. IT-49, pp. 371-381, 2003.

[189] Z. Li and B. Li, "Network coding in undirected networks," in 38th Annual Conference on Information Sciences and Systems, (Princeton, NJ), Mar 17-19, 2004.

[190] S. Lin and D. J. Costello Jr., Error control coding: Fundamentals and applications. 1983.

[191] D. Lun, M. Medard, R. Koetter, and M. Effros, "Further results on coding for reliable communication over packet networks," in 2005 IEEE International Symposium on Information Theory, (Adelaide, Australia), Sept 4-9, 2005.

[192] D. S. Lun, M. Medard, and M. Effros, "On coding for reliable communication over packet networks," in 42nd Annual Allerton Conference on Communication, Control, and Computing, Sept 29-Oct 1, 2004.

[193] M. Mitzenmacher, "Digital fountain: A survey and look forward," in 2004 IEEE Information Theory Workshop, (San Antonio, TX), Oct 24-29 2004.

[194] C. K. Ngai and R. W. Yeung, "Multisource network coding with two sinks," in International Conference on Communications, Circuits and Systems (ICCCAS), (Chengdu, China), Jun 27-29, 2004.

[195] C. H. Papadimitriou and K. Steiglitz, Combinatorial optimization: Algorithms and complexity. 1982.

[196] A. Rasala-Lehman, Network coding. Massachusetts Institute of Technology, Department of Electrical Engineering and Computer Science, Feb 2005.

[197] A. Rasala-Lehman and E. Lehman, "Complexity classification of network information flow problems," in 41st Annual Allerton Conference on Communication Control and Computing, (Monticello, IL), Oct 2003.

[198] I. S. Reed and G. Solomon, "Polynomial codes over certain finite fields," SIAM Journal Appl. Math., vol. 8, pp. 300-304, 1960.

[199] S. Riis, "Linear versus non-linear boolean functions in network flow," preprint, November 2003.

[200] J. R. Roche, R. W. Yeung, and K. P. Hau, "Symmetrical multilevel diversity coding," IEEE Trans. Inform. Theory, vol. IT-43, pp. 1059-1064, 1997.

[201] C. E. Shannon, "A mathematical theory of communication," Bell Sys. Tech. Journal, vol. 27, pp. 379-423, 623-656, 1948.

[202] R. C. Singleton, "Maximum distance Q-nary codes," IEEE Trans. Inform. Theory, vol. IT-10, pp. 116-118, 1964.

[203] L. Song, R. W. Yeung, and N. Cai, "Zero-error network coding for acyclic networks," IEEE Trans. Inform. Theory, vol. IT-49, pp. 3129-3139, 2003.

[204] A. L. Toledo and X. Wang, "Efficient multipath in sensor networks using diffusion and network coding," in 40th Annual Conference on Information Sciences and Systems, (Princeton University, NJ, USA), Mar 22-24, 2006.

[205] S. B. Wicker, Error control systems for digital communication and storage. 1995.

[206] R. W. Yeung, "Avalanche: A network Coding Analysis," preprint.

[207] R. W. Yeung, "Multilevel diversity coding with distortion," IEEE Trans. Inform. Theory, vol. IT-41, pp. 412-422, 1995.

[208] R. W. Yeung, "A framework for linear information inequalities," IEEE Trans. Inform. Theory, vol. IT-43, pp. 1924-1934, 1997.

[209] R. W. Yeung, A first course in information theory. Kluwer Academic/Plenum Publishers, 2002.

[210] R. W. Yeung and N. Cai, "Network Error Correction, Part Ⅰ, Basic Concepts and Upper Bounds," to appear in Communications in Information and Systems.

[211] R. W. Yeung and Z. Zhang, "Distributed source coding for satellite communications," IEEE Trans. Inform. Theory, vol. IT-45, pp. 1111-1120, 1999.

[212] R. W. Yeung and Z. Zhang, "On symmetrical multilevel diversity coding," IEEE Trans. Inform. Theory, vol. IT-45, pp. 609-621, 1999.

[213] Z. Zhang, "Network Error Correction Coding in Packetized Networks," submitted to IEEE Trans. Inform. Theory.

[214] Z. Zhang and R. W. Yeung, "A non-shannon-type conditional inequality of information quantities," IEEE Trans. Inform. Theory, vol. IT-43, pp. 1982-1986, 1997.

[215] Z. Zhang and R. W. Yeung, "On characterization of entropy function via information inequalities," IEEE Trans. Inform. Theory, vol. IT-44, pp. 1440-1452, 1998.

附录 A

全局线性与节点线性

本附录基于第一原理定义了网络编码的全局线性和局部线性，将证明全局线性隐含着局部线性。这证明了在第一部分的定义 2.3 和定义 2.4 中无环网络上线性网络编码的局部和全局描述的一般性。

定义 A.1 （全局线性）无环网络上的网络编码是全局线性的，如果全局编码映射 $\tilde{f}_e, e \in E$ 是线性的，即

$$\tilde{f}_e(a_1\boldsymbol{x}_1 + a_2\boldsymbol{x}_2) = a_1\tilde{f}_e(\boldsymbol{x}_1) + a_2\tilde{f}_e(\boldsymbol{x}_2) \tag{A.1}$$

此处 $\boldsymbol{x}_1$ 和 $\boldsymbol{x}_2$ 是 F^{ω} 中的行向量且 $a_1 \in F, a_2 \in F$。

定义 A.2 （局部线性）无环网络上的网络码是局部线性的，如果局部编码映射 $\tilde{k}_e$，$e \in E$ 是线性的。

通过归纳可以很容易看出，局部线性意味着全局线性，但反之不是立即的。本书将证明事实确实如此。

证明需要一些初步的结果。本书从以下引理开始，其证明是初级的，但是仍然在此给出其证明过程，以便读者可以将它与下一个引理的证明进行比较。

引理 A.1 设 $\boldsymbol{g}: F^m \to F$，此处 F^m 表示 F 值 m 维行向量的线性空间。那么 $\boldsymbol{g}$ 是线

性的当且仅当存在 F 值 m 维列向量 $\boldsymbol{a}$ 时，对于所有的 $\boldsymbol{y}\in F^m$：

$$\boldsymbol{g}(\boldsymbol{y})=\boldsymbol{y}\cdot\boldsymbol{a}$$

证明：显然，如果所有 $\boldsymbol{y}\in F^m$，$\boldsymbol{g}(\boldsymbol{y})=\boldsymbol{y}\cdot\boldsymbol{a}$，则 $\boldsymbol{g}$ 是线性的。只需要证明相反。设 $\boldsymbol{u}_k$ 表示 F^m 中的行向量，使得第 k 个分量等于1，而所有其他分量等于0。有

$$\boldsymbol{y}=\sum_k \boldsymbol{y}_k\boldsymbol{u}_k$$

其中，$\boldsymbol{y}_k$ 是 $\boldsymbol{y}$ 的第 k 个部分，则

$$\boldsymbol{g}(\boldsymbol{y})=\boldsymbol{g}\left(\sum_k \boldsymbol{y}_k\boldsymbol{u}_k\right)$$

$$=\sum_k \boldsymbol{y}_k\boldsymbol{g}(\boldsymbol{u}_k)$$

设 $\boldsymbol{a}$ 为列向量 $[\boldsymbol{g}(\boldsymbol{u}_k)]$，有

$$\boldsymbol{g}(\boldsymbol{y})=\boldsymbol{y}\cdot\boldsymbol{a}$$ □

引理 A.1 有以下不那么简单的推广。

引理 A.2　设 $\boldsymbol{g}:S\rightarrow F$，此处 S 表示 F^m 中行向量的子空间。那么 $\boldsymbol{g}$ 是线性的当且仅当存在 F 值 m 维列向量 $\boldsymbol{k}$ 时，对于所有的 $\boldsymbol{y}\in S$，有

$$\boldsymbol{g}(\boldsymbol{y})=\boldsymbol{y}\cdot\boldsymbol{k}$$

证明：同样很明显，如果所有 $\boldsymbol{y}\in S$ 的 $\boldsymbol{g}(\boldsymbol{y})=\boldsymbol{y}\cdot\boldsymbol{k}$，那么 $\boldsymbol{g}$ 是线性的。所以只用证明相反。

用 k 表示 S 的维数。设 $\{u_1,u_2,\cdots,u_k\}$ 是 S 的基底，且设 $\boldsymbol{U}$ 为 $k\times m$ 矩阵，此矩阵的行按 $\boldsymbol{u}_1,\boldsymbol{u}_2,\cdots,\boldsymbol{u}_k$ 的顺序。则对于某个行向量 $\boldsymbol{w}\in F^k$ 当且仅当

$$\boldsymbol{y}=\boldsymbol{w}\cdot\boldsymbol{U}$$

时，$\boldsymbol{y}\in S$。因为 $\boldsymbol{U}$ 是满秩的构造，所以它的右逆用 $\boldsymbol{U}_{\mathrm{r}}^{-1}(m\times k)$ 表示，如果其存在，可以写为

$$\boldsymbol{w}=\boldsymbol{y}\cdot\boldsymbol{U}_{\mathrm{r}}^{-1}$$

定义一个函数 $\tilde{\boldsymbol{g}}:F^k\rightarrow F$，使

$$\tilde{\boldsymbol{g}}(\boldsymbol{w})=(\boldsymbol{w}\cdot\boldsymbol{U})$$

因为 $\boldsymbol{g}$ 是线性的，所以可以很容易地证实 $\tilde{\boldsymbol{g}}$ 也是如此。通过引理 A.1 来验证，

$$\tilde{\boldsymbol{g}}(\boldsymbol{w})=\boldsymbol{w}\cdot\boldsymbol{a}$$

对于某个列向量 $\boldsymbol{a}\in F^k$，因此，

$$\boldsymbol{g}(\boldsymbol{y})=\boldsymbol{g}(\boldsymbol{w}\cdot\boldsymbol{U})$$

$$=\tilde{\boldsymbol{g}}(\boldsymbol{w})$$

$$
\begin{aligned}
&= \boldsymbol{w} \cdot \boldsymbol{a} \\
&= (\boldsymbol{y} \cdot \boldsymbol{U}_{\mathrm{r}}^{-1}) \cdot \boldsymbol{a} \\
&= \boldsymbol{y} \cdot (\boldsymbol{U}_{\mathrm{r}}^{-1} \cdot \boldsymbol{a})
\end{aligned}
$$

当 $k=\boldsymbol{U}_{\mathrm{r}}^{-1} \cdot \boldsymbol{a}$ 时，有

$$\boldsymbol{g}(\boldsymbol{y})=\boldsymbol{y} \cdot \boldsymbol{k}$$

引理得以证明。 □

引理 A.2 有以下直接矩阵推广。

推论 A.1 设 $\boldsymbol{g}: S \rightarrow F^{l}$，此处 S 表示 F^{m} 中行向量的子空间。那么 $\boldsymbol{g}$ 是线性变换，当且仅当存在一个维数为 $m \times l$ 的 F 值矩阵 $\boldsymbol{K}$，使得对于所有的 $\boldsymbol{y} \in S$：

$$\boldsymbol{g}(\boldsymbol{y})=\boldsymbol{y} \cdot \boldsymbol{K}$$

现在考虑一个全局线性的网络编码和任何非源节点 i。设 $\widetilde{K}_{i}$ 为 i 处的局部编码映射，即

$$(\tilde{\boldsymbol{f}}_{d}(x), d \in \operatorname{In}(i)) \mapsto (\tilde{\boldsymbol{f}}_{e}(x), e \in \operatorname{Out}(i))$$

引入符号

$$\tilde{\boldsymbol{f}}_{\operatorname{In}(i)}(x)=[\tilde{\boldsymbol{f}}_{d}(x)]_{d \in \operatorname{In}(i)}$$

和

$$\boldsymbol{f}_{\operatorname{In}(i)}=[\boldsymbol{f}_{d}]_{d \in \operatorname{In}(i)}$$

其中，$\tilde{\boldsymbol{f}}_{\operatorname{In}(i)}(\boldsymbol{x})$ 和 $\boldsymbol{f}_{\operatorname{In}(i)}$ 是行向量，$\boldsymbol{f}_{d}$ 表示信道 d 的全局编码核。以类似的方式，定义了 $\tilde{\boldsymbol{f}}_{\operatorname{Out}(i)}(\boldsymbol{x})$ 和 $\boldsymbol{f}_{\operatorname{Out}(i)}$。很容易看出 $\{\tilde{\boldsymbol{f}}_{\operatorname{In}(i)}(\boldsymbol{x}): \boldsymbol{x} \in F^{\omega}\}$ 在 $F^{|\operatorname{In}(i)|}$ 中形成（行向量的）子空间。也就是说，$\widetilde{\boldsymbol{K}}_{i}$ 是 $F^{|\operatorname{In}(i)|}$ 到 $F^{|\operatorname{Out}(i)|}$ 的一个子空间的映射。

现在证明了编码映射 $\widetilde{\boldsymbol{K}}_{i}$ 是线性的。设对于 $j=1,2$，有

$$\boldsymbol{y}_{j}=\tilde{\boldsymbol{f}}_{\operatorname{In}(i)}(\boldsymbol{x}_{j})$$

则对于任意 $\boldsymbol{c}_{1}, \boldsymbol{c}_{2} \in F$，有

$$
\begin{aligned}
\widetilde{\boldsymbol{K}}_{i}(\boldsymbol{c}_{1} \boldsymbol{y}_{1}+\boldsymbol{c}_{2} \boldsymbol{y}_{2}) &= \widetilde{\boldsymbol{K}}_{i}(\boldsymbol{c}_{1} \tilde{\boldsymbol{f}}_{\operatorname{In}(T)}(\boldsymbol{x}_{1})+\boldsymbol{c}_{2} \tilde{\boldsymbol{f}}_{\operatorname{In}(T)}(\boldsymbol{x}_{2})) \\
&= \widetilde{\boldsymbol{K}}_{i}(\tilde{\boldsymbol{f}}_{\operatorname{In}(T)}(\boldsymbol{c}_{1} \boldsymbol{x}_{1}+\boldsymbol{c}_{2} \boldsymbol{x}_{2})) \\
&= \tilde{\boldsymbol{f}}_{\operatorname{Out}(T)}(\tilde{\boldsymbol{f}}_{\operatorname{In}(T)}(\boldsymbol{c}_{1} \boldsymbol{x}_{1}+\boldsymbol{c}_{2} \boldsymbol{x}_{2})) \\
&= \boldsymbol{c}_{1} \tilde{\boldsymbol{f}}_{\operatorname{Out}(T)}(\boldsymbol{x}_{1})+\boldsymbol{c}_{2} \tilde{\boldsymbol{f}}_{\operatorname{Out}(T)}(\boldsymbol{x}_{2}) \\
&= \boldsymbol{c}_{1} \widetilde{\boldsymbol{K}}_{i}(\tilde{\boldsymbol{f}}_{\operatorname{In}(T)}(\boldsymbol{x}_{1}))+\boldsymbol{c}_{2} \widetilde{\boldsymbol{K}}_{i}(\tilde{\boldsymbol{f}}_{\operatorname{In}(T)}(\boldsymbol{x}_{2}))
\end{aligned}
$$

$$=\boldsymbol{c}_1\widetilde{\boldsymbol{K}}_i(\boldsymbol{y}_1)+\boldsymbol{c}_2\widetilde{\boldsymbol{K}}_i(\boldsymbol{y}_2)$$

因此$\widetilde{\boldsymbol{K}}_i$ 是线性的。从而可知,全局线性意味着局部线性。

现在,由于$\widetilde{\boldsymbol{K}}_i$ 是线性的,根据推论 A.1,存在一个$|\mathrm{In}(i)|\times|\mathrm{Out}(i)|$矩阵 $\boldsymbol{K}_i$(节点 i 的编码矩阵),使得对于所有的 $\{\tilde{\boldsymbol{f}}_{\mathrm{In}(i)}(\boldsymbol{x}):\boldsymbol{x}\in F^{\omega}\}$,有

$$\boldsymbol{g}_i(\boldsymbol{y})=\boldsymbol{y}\cdot\boldsymbol{K}_i$$

那么对于任何行向量 $\boldsymbol{x}\in F^{\omega}$,有

$$\begin{aligned}\boldsymbol{x}\cdot\boldsymbol{f}_{\mathrm{Out}(i)}&=\tilde{\boldsymbol{f}}_{\mathrm{Out}(i)}(\boldsymbol{x})\\&=\widetilde{\boldsymbol{K}}_i(\tilde{\boldsymbol{f}}_{\mathrm{In}(i)}(\boldsymbol{x}))\\&=\tilde{\boldsymbol{f}}_{\mathrm{In}(i)}(\boldsymbol{x})\cdot\boldsymbol{K}_i\\&=(\boldsymbol{x}\cdot\boldsymbol{f}_{\mathrm{In}(i)})\cdot\boldsymbol{K}_i\\&=\boldsymbol{x}\cdot(\boldsymbol{f}_{\mathrm{In}(i)}\cdot\boldsymbol{K}_i)\end{aligned}$$

因为上面对每个 $\boldsymbol{x}\in F^{\omega}$ 都适用,所以它意味着

$$\boldsymbol{f}_{\mathrm{Out}(i)}=\boldsymbol{f}_{\mathrm{In}(i)}\cdot\boldsymbol{K}_i$$

或者对每个 $e\in\mathrm{Out}(T)$,有

$$\boldsymbol{f}_e=\sum_{d\in\mathrm{In}(T)}k_{d,e}\boldsymbol{f}_e$$

这证明了定义 2.4 的正确性,并且本书已经证明了该定义和定义 2.3 定义了无环网络上最一般的线性网络编码。